21世纪全国本科院校土木建筑类创新型应用人才培养规划教材

建筑表现技法

主　编　冯　柯
副主编　闫育红　张　强
参　编　靳　满　史艳琨　乔文黎
　　　　李琳琳　常垚伟

北京大学出版社
PEKING UNIVERSITY PRESS

内 容 简 介

建筑表现技法是高等学校建筑学专业和环境艺术设计专业的一门必修课程。本书以全国高等学校建筑学专业指导委员会颁发的专业培养目标为依据，紧跟时代步伐，在内容上加大建筑设计中新兴的或为广大设计师所采用的表现技法的篇幅，适当缩减现代建筑设计中已经很少采用的表现技法的篇幅。本书的编写注重技法概念科学性与实用性的结合、表现技法训练的单调性与实际工程设计表现所需要的多样性的结合，突出建筑设计表现图中马克笔技法的训练。

本书可作为高等学校建筑美术专业、环境艺术设计专业和景观园林设计专业的教材，还可作为建筑设计院、园林景观设计公司设计人员的参考用书。

图书在版编目(CIP)数据

建筑表现技法/冯柯主编．—北京：北京大学出版社，2010.8
(21世纪全国本科院校土木建筑类创新型应用人才培养规划教材)
ISBN 978-7-301-17464-7

Ⅰ.①建…　Ⅱ.①冯…　Ⅲ.①建筑设计—高等学校—教材　Ⅳ.①TU2

中国版本图书馆 CIP 数据核字(2010)第 130139 号

书　　　名：	建筑表现技法
著作责任者：	冯　柯　主编
策划编辑：	吴　迪
责任编辑：	卢　东
标准书号：	ISBN 978-7-301-17464-7/TU·0129
出　版　者：	北京大学出版社
地　　　址：	北京市海淀区成府路 205 号　100871
网　　　址：	http://www.pup.cn　http://www.pup6.com
电　　　话：	邮购部 62752015　发行部 62750672　编辑部 62750667　出版部 62754962
电子邮箱：	pup_6@163.com
印　刷　者：	北京大学印刷厂
发　行　者：	北京大学出版社
经　销　者：	新华书店
	787mm×1092mm　16 开本　10 印张　225 千字
	2010 年 8 月第 1 版　2013 年 9 月第 2 次印刷
定　　价：	42.00 元

未经许可，不得以任何方式复制或抄袭本书之部分或全部内容。

版权所有　侵权必究　　举报电话：010-62752024
　　　　　　　　　　　　电子邮箱：fd@pup.pku.edu.cn

前 言

建筑表现图作为表达建筑设计意图和效果的重要方式，在设计领域一直都占有一席之地。一直以来，诸多表现形式和风格的优秀作品层出不穷，尤其是21世纪以来，国内建筑画领域发展迅速，经历了由传统手绘向计算机辅助表现的转变，而后又有向传统手绘回归的趋势。当然，这种回归是伴随着使用工具和技术进步的回归，而不仅仅是传统手法的重复，这就极大地促进了建筑学与美术学学术间的交流，同时也对建筑学与环境艺术设计专业的教学提出了新的挑战。

建筑美术教学肩负着的不仅是传授技术，而且更重要的是培养学生的创造性思维和提升学生的艺术审美观。因此，我们在不断研讨教学方法，总结教学经验的同时，以全国高等学校建筑学专业指导委员会颁发的专业培养目标为依据，推陈出新，与时俱进，编写了本书，希望能促进院校间的教学研讨与学术交流。

建筑表现图不仅是绘画艺术和技术完美结合的作品，而且也是设计师与业主之间进行交流的最直观、最有效的手段。本书从建筑、室内、景观设计、快题设计的角度出发，以实用为宗旨，讲授建筑表现图新的画法与技巧，并根据现代建筑美术教学的实际需要，兼顾课程内容的系统性，以深入浅出的语言和各种示范图例，循序渐进地阐述建筑画的艺术规律及其快捷的表现技法，力图展示建筑表现图独具的艺术价值。

本书根据时代对建筑表现图在技法、工具、材料上不断更新的需求，在表现技法阐述方面，突出表现技法的新颖性和时代性，试图改变建筑表现图创作中过于呆板而缺乏感性的表现方法，充分展示和论述马克笔、水粉、水彩等精湛的表现技法，并由此涉及一些常用的综合技法，论述篇幅略分主次。本书在重点章节里还为读者提供了详尽的作画步骤，所选范画尽量做到形韵兼备，既有大家熟悉的表现形式，又有编者绘制的示例作品，可以作为学生临摹的范本。本书还注重阐述技法概念科学性与实用性的结合、表现技法训练的单调性与实际工程设计表现所需要的多样性的结合，新增了快题设计的马克笔表现技法训练的内容，能使读者从不同的角度找到适合自己的表现方法，便于不同基础的设计者灵活掌握快速的表现技法。使用本书时可根据自己院校建筑美术教学的实际情况，有选择地将学习与参考、教学与自学、练习与鉴赏的内容有机地结合。

本书第1章、第3章、第4章、第5章的5.1节和5.2节由河南大学土木建筑学院冯柯编写，第2章由平顶山学院张强编写，第5章的5.3节由河南城建学院闫育红编写，第5章的5.4节由河南大学土木建筑学院靳满编写，第5章的5.5节由河北工业大学史艳琨、乔文黎编写。另外，河南大学土木建筑学院的李琳琳为本书部分章节提供了资料，河南大学土木建筑学院建筑学系2004级、2005级、2006级和2007级部分学生也为本书绘制了精美的习作，常垚伟、秦博同学为部分章节中的习作做了大量拍摄和编排整理工作。本书在编写过程中还得到了多年从事建筑、设计艺术美术教学的专家、学者、教授、美术同仁的大力支持。在此，对他们一并深表衷心的感谢。本书由冯柯担任主编，由闫育红、张强担任副主编。本书得到了河南大学教材建设基金的资助。

本书编写过程中充分体现了院校间的通力协作精神，也汇集了不同风格和特色的设计作品，以期给国内的建筑学和环境艺术设计专业的学生以更好的启迪与示范，望能对普及和提高广大设计者的表现技法有所裨益。由于时间有限，书中难免存在疏漏和不足之处，恳请同行和读者指正赐教。

冯柯

2010年3月

目 录

第1章 建筑表现图概述 ·· 1
1.1 建筑表现图的概念 ·· 1
1.2 建筑表现图的内容和类型 ·· 2
1.3 建筑表现图的基本功能和特征 ··································· 4
1.4 建筑表现图的常用工具 ·· 7

第2章 建筑画表现过程中的基本要求与学习方法 ··············· 11
2.1 建筑画表现过程中的设计思维 ································· 11
2.2 建筑画表现过程中的艺术修养 ································· 15
2.3 建筑画表现的学习方法与技巧 ································· 17
2.3.1 建筑画表现的学习方法 ································· 17
2.3.2 建筑画表现的学习技巧 ································· 21

第3章 建筑表现图的基础要素 ······································ 25
3.1 构图基础 ·· 25
3.2 素描基础 ·· 28
3.3 色彩基础 ·· 32
3.3.1 色彩的基础知识 ·· 32
3.3.2 色彩的观察方法 ·· 33
3.4 透视基础 ·· 35
3.4.1 透视的分类 ·· 35
3.4.2 透视图的绘制 ··· 37

第4章 建筑表现图常用表现技法 ··································· 39

第5章 马克笔手绘表现技法 ··· 57
5.1 马克笔手绘表现技法所用工具、特征及用笔方法 ··········· 57

5.2 室内效果图的马克笔表现技法 62
5.2.1 马克笔表现室内形体与质感的技法训练 62
5.2.2 马克笔表现室内效果图的作图步骤 79
5.2.3 马克笔表现室内效果图的技法作品点评 82

5.3 建筑效果图的马克笔表现技法 87
5.3.1 马克笔表现建筑物与配景的技法训练 87
5.3.2 马克笔表现建筑效果图的作图步骤 105
5.3.3 建筑效果图的马克笔表现技法作品点评 108

5.4 景观园林效果图的马克笔表现技法 114
5.4.1 马克笔表现景观小品的技法训练 114
5.4.2 景观园林效果图的马克笔表现技法作图步骤 127
5.4.3 景观园林效果图的马克笔表现技法作品点评 130

5.5 快题设计的马克笔表现技法 135
5.5.1 马克笔表现快题设计的技法训练 135
5.5.2 快题设计的马克笔表现技法作图步骤
(以景观快题设计为例) 140
5.5.3 快题设计的马克笔表现技法作品点评 145

参考文献 151

第1章 建筑表现图概述

1.1 建筑表现图的概念

建筑表现图又叫做建筑画或建筑效果图，是指在建筑设计的过程中，除了方案图、施工图等技术性图纸之外，能够形象地表达建筑师的设计意图和构思的表现性绘画。建筑表现图是整体工程图纸中的一种必不可少的表现形式，是客观现实中还不存在的意象图，同时也是建筑设计师创作思维结果的呈现。凭借建筑表现图，建筑设计师可与建设单位及使用者之间进行最直观的展示或最有效的交流讨论。建筑表现图以工程设计图纸为依据，能直接、形象、真实地表现出建筑的造型结构、色彩、环境气氛，而且能准确地传达出设计师的创意理念，是设计师研究、深化设计的手段之一，具有较强的专业水准和艺术感染力。而有关建筑表现图的绘制方法和技巧，又称为建筑设计表现技法。建筑设计表现技法是设计师通过直观而形象的绘画形式来表达自己的设计理念，展示自己的设计构思的视觉传达手段，带有一定的专业和艺术特点。

建筑设计表现技法根据绘画的颜料、绘制工具的不同可以分为许多种技法，如水粉技法表现、水彩技法表现、马克笔技法表现、钢笔技法表现、铅笔技法表现、喷绘技法表现、综合技法表现等，但不论建筑设计表现技法有多么丰富，它始终是科学性和艺术性相统一的产物。建筑画与其他绘画形式相比，具有速度快、形象逼真、立体感强等特点，其表现形式和表现技巧的发展日新月异，一幅完美的建筑画，除包含建筑设计专业知识外，艺术技法占了很大的比重，所以，对于从事建筑设计人员来说，掌握一手绘制精美建筑画的技巧是自身艺术个性和技术水平的表现。

建筑设计的效果图与写生绘画不同。写生绘画是实物写生，而效果图却是设计师抽象意象的具象表达。因而，对建筑设计人员来讲，把自己头脑中的构思变成形象逼真的效果图的过程，不仅需要具备一定的绘画基本功，同时更主要的是要具备较强的形象思维和空间想象能力。在效果图的草图阶段，设计师可对方案进行自我推敲，常用钢笔、铅笔等画出所需的一些表现草图，包括平、立、剖面的推敲以及空间界面的立体构思和造型设计，这些表现草图需要精练、快速而且生动。这种形象直观的表现草图体现了设计师的造型能力和对形式的把握能力，也是设计师相互之间交流探讨的一种语言，它有利于设计过程中对空间造型的把握和整体设计的进一步深化。在效果图的定稿阶段，要求画面具有专业水准和较强的艺术感染力。因此，多采用表现力充分、便于深入刻画的绘图工具和手段，如用水彩、水粉、马克笔以及综合技法等准确而精细地表现建筑空间、造型、色彩、尺度、质感等，目的是将设计形象较客观真实地传达给对方，以获得较准确的理解和意见。因此，无论是设计的初始阶段，还是深入调整阶段，或者是设计成果的表达阶段，建筑效果图在设计的不同阶段都能起到不同的作用。即能够帮助设计师全面地推敲空间，快速反映设计师头脑中的创意构思，捕捉设计师瞬间的设计灵感，同时又能帮助设计师推敲细部处理、调整色彩关系。应该说，绘制效果图是设计工作的必要补充，是建筑设计的有机组成部分。效果图质量的好坏，直接影响设计投标者的成败。要想在竞争中取胜，设计师不仅要有高水平的设计能力，还必须在效果图上下工夫，因此，掌握效果图的表现技法是十分必要的。

1.2 建筑表现图的内容和类型

建筑表现图是表达设计方案和发展设计构思的重要手段，必须先设计后表现，通过形象表现向观者诉说设计理念。而工程图纸中无法用图示语言表达的体量感、空间尺度、比例、材料质感、色彩感、光感等，却可以借助建筑表现图来补充。建筑表现图是在二维设计的基础上发展了设计内容，最终以三维形态的表现形式把设计方案完整地呈现在观者眼前，如图1.1所示。

1. 建筑表现图的内容

建筑表现图是一种描绘近似真实空间的绘画，也可以说是用绘画的方式进行设计创作。根据建筑表现图所表现的内容不同，从宏观上可分为城市规划鸟瞰图、建筑小区规划效果图；从微观上可分为建筑局部、细部装饰的效果图，景观小品的效果图，室内家具、单体的效果图；从空间内外关系上又可分为建筑外观效果图、景观园林效果图、室内设计效果图等。这就是说建筑表现

图1.1 高层住宅设计（马克笔） 张红霞

图的内容是丰富的,囊括了建筑设计、室内设计、城市规划设计、景观园林设计等专业所要表现的各种效果图。因此,从某种意义上讲,建筑表现图是一门艺术和技术完美结合的色彩图学,也是一门独具普遍意义的专业基础性学科。

2. 建筑表现图的类型

在建筑设计的整个过程中,建筑表现图可分为两大类型,即设计研究型建筑画和设计成品型建筑画。前者主要用来研究和深化设计,个性化的绘画语言较强,一般不作为与业主交流的主要手段。后者主要是方案设计阶段或整个设计阶段的最终成果,一般是对设计的形体、材料、色彩和环境的综合体现。设计成品型建筑画所要达到的目的是要使业主和主管部门直观地了解设计师的作品,接受并审批通过设计师的方案。建筑画如果从其他的角度来划分,还能够分出以下几类。

(1) 根据使用的工具来分,可以分为硬笔画与软笔画。硬笔画主要是指用铅笔、钢笔、炭笔、彩色铅笔、马克笔等直接绘画与着色的效果图。软笔画主要是指用毛笔通过水彩颜料、水粉颜料、国画颜料、丙烯颜料等和水相调和进行着色的效果图。在具体的作画过程中,上述的颜料和工具穿插使用的形式更多,如钢笔淡彩、钢笔马克笔、铅笔彩色铅笔、铅笔淡彩、水粉水彩混用等多种效果图形式,如图1.2所示。

图1.2 图书馆设计效果图(水粉) 章瑾

(2) 根据使用色彩与否来分,可以分为单色画与色彩画。单色画主要是指用单纯的明暗关系或线条的形式所绘制的建筑画,这种建筑画又分为素描建筑画、速写建筑画、构思草图。单色画的绘制相对简便,效果自然朴实,表现建筑快速、便捷。单色画主要包括铅笔画、钢笔画、炭笔画、针管笔画等。色彩画主要是指在单色明暗或线描图的基础上增加了不同的色彩颜料绘制的建筑画,这种建筑画能够更加生动逼真地表现建筑形象,色彩

画主要分为写实建筑画与线描涂色建筑画，其表现形式有水彩画、水粉画、马克笔画、钢笔淡彩画、钢笔重彩画、色粉笔画、彩色铅笔画等。这些表现技法的运用，都能使画面更加出色，如图1.3所示。

图1.3 景观设计（马克笔） 张方圆

（3）根据绘图的方式来分，可以分为徒手画和工具画。徒手画主要是指徒手绘制构思草图、记录与表达设计意图，以推敲和修改方案及收集资料。工具画主要是指借助绘图仪器和尺规绘制建筑设计正式的平面图、立面图、剖面图、透视图、轴测图等，以展示、投标、交流、宣传等。

（4）根据表现的速度来分，可以划分为一般建筑画和快速建筑画。

（5）根据风格形式来分，可以分为写实风格效果图、写意风格效果图、抽象风格效果图、装饰风格效果图等不同风格形式的建筑效果图。

总之，尽管建筑表现图的类型很多，风格不同，但基本的绘画原理都相同，所用的笔法、技巧也有共同之处，其中水粉画和水彩画的色彩表现力最强，画面层次最丰富，是其他表现技法的基础。因此初学者应首先练好水粉画和水彩画的基础笔法。

1.3 建筑表现图的基本功能和特征

1. 建筑表现图的基本功能

伴随着建筑设计观念的变化、绘画新材料的出现，以及人们在用材及技法上的探索，建筑表现图无论是从形式，还是从技巧上都较以往有很大的发展，新的表现形式和方法层出不穷，但不管用怎样的表现形式和手法，都不能改变建筑表现图的基本功能——表达设计构思、推敲设计方案、展示设计效果。

（1）表达设计构思。

在建筑设计的最初阶段，设计师通常从方案的构思开始，对建筑的平面关系、立面关系、剖面关系进行反复推敲和分析。在这个过程中，对于建筑的立体形象效果的研究和评价有很重要的作用，所用的表现语言就是建筑徒手快速表现手法。这种手法可以在较短的时间内将自己构想的建筑空间形象用效果草图的形式绘制出来，并且基本比例和透视关系大体准确。这种为表达设计构思所画的效果草图能够传达和展示出建筑设计师头脑中闪现的设计灵感与创意火花，因此掌握这种画法是建筑设计师的必备技巧之一。

(2) 推敲设计方案。

当建筑设计师的设计构思成熟以后，还要经过具体造型效果方案的反复推敲和比较，通常要求在同一个设计方案的基础上做出多个设计方案进行比较，而每个设计方案又要求能够画出多个视点的效果图，这种效果图一般多用徒手绘画，也可用工具来画，但要快速、准确、精练，对表现的技巧要求相当高。在此基础上，建筑设计师对于比较重要的方案还要请有关人员进行集体评判和提出改进意见，反复修改设计方案。

(3) 展示设计效果。

在建筑设计方案确定以后，为了便于与甲方、城市规划设计管理单位、建设与施工单位等进行交流，尤其是在建筑招投标时，要求有一张能够真实表现未来建成后的建筑形象、材质、色彩、光影和氛围的建筑表现图。建筑表现图在这个阶段对投标单位能否中标非常重要。它既是建筑设计师的一种设计语言表达，又对招标单位具有极大的吸引力，更是设计从意到图升华的展示。这就要求设计师在建筑表现图绘制的表现技法上下苦功夫，练就扎实的表现技法基本功，能在实际工作中很好地发挥运用。

除此之外，通过建筑表现图中的速写技法，能够收集到有价值的建筑资料，为将来的建筑设计工作奠定基础。建筑表现图还能够给人以美的感受，一张好的作品，有其自身的艺术魅力，能够陶冶人们的情操。正因为建筑表现图具有这么多的功能，所以在当今的建筑领域引起了相关人士的青睐，并受到投资方和施工方的欢迎。

2. 建筑表现图的基本特征

一般绘画是表达作者主观情感的纯艺术形式，在对形象的塑造和表现方面自由度相当大，而建筑画则要求建筑师客观真实地表现建筑形象，包括它的环境、比例、透视、质感和色彩。建筑表现图虽然不是纯艺术作品，但具有一定的艺术感染力。它融艺术性与技术性为一体，也可以说，一幅优秀的建筑表现图本身又是一件观赏性很强的装饰品。它具有以下四个基本特征。

(1) 科学性。

为了保证客观真实性，建筑表现图要求具有一定建筑设计专业知识的专业设计人员来绘制。建筑表现图运用透视学原理绘制透视图是一个比较严谨、科学的过程，要求有准确的空间透视、精确的表现尺度，还要有表现建筑材料的真实固有色彩和质感，要尽可能从专业角度去科学地表现物体光线、阴影的变化等。强调透视图的科学性是为了避免主观随意性：建筑表现图中对建筑空间的大小，长宽的比例表达，包含了透视与阴影的科学概念；对室内天花造型，地板图案的表达，包含了空间形态比例、构图均衡的科学判定；材料质感以及气氛渲染的绘画表达离不开对水分干湿程度的把握。因此，应该用准确、科学的态度对待画面表现上的每一个局部与细节的处理；无论是起稿、作图还是对光影、色彩的处理，都必须遵循透视学、形态学、阴影学和色彩学的基本规律与规范，并在建筑表现图中以最佳效果反映出来。

(2) 艺术性。

建筑表现图也可以看作一件具有较高艺术品味的绘画艺术作品。因为绘画中所体现的艺术规律同样适合于表现图中，如绘画中的形式美法则的整体统一、对比调和、节奏韵律等。而对于素描、速写和色彩能力的训练、构图知识、光影表现、画面虚实关系和构成规律等的把握，在表现图中也会遇到。建筑画中选择最佳的表现角度、最佳的色光配置、最佳的环境气氛等，同样靠绘画艺术手段来完成。因此，建筑画是根据建筑设计的使用功能进行艺术的处理，在真实的前提下进行气氛的渲染，充分、完整地反映建筑空间关系，它能在很短的时间内，让观者一目了然，全面感受到设计师的构思和艺术感染力；能在建筑画所反映的整体环境气氛和构图之下，让观者较完整地了解到建筑空间环境和在一定气氛下所产生的预想效果，其艺术魅力是建立在真实性和科学性以及造型艺术严格的基本功训练的基础之上，靠设计师通过工程和艺术的语言表达在画面上的，如图1.4所示。

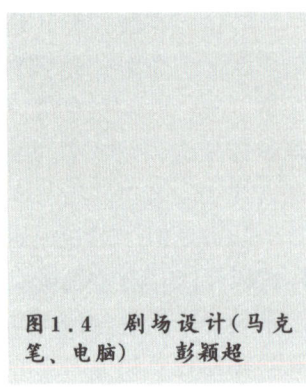

图1.4 剧场设计（马克笔、电脑） 彭颖超

（3）直观性。

在工程招标过程中，建筑表现图很受甲方或审批者的关注，因为它提供了方案竣工后的直观效果，有着先入为主的优越性，因此它是审查环节中不可缺少的重要环节。在工程施工中，三视图、结构图或详图的表现性是有限的，远不及表现图所具有的直观感受和综合表现力。从专业设计人员角度来看，在设计构思阶段，可以通过草图推敲并发展设计思维，进行多方案比较；在设计定稿阶段，表现图不仅可以对设计方案的物质功能、设计技巧及艺术风格等进行综合表现，还可以对方案和平立面图纸进行反复的检验，以弥补设计构思上的不足。表现图所具有的直观视觉效果，更便于设计者与业主进行沟通和交流，如图1.5所示。

（4）真实性。

真实性是建筑表现图的生命线。建筑表现图不仅能全面地反映设计构思，更主要的是能把观者带到设计师所描绘的效果图的实境中去，如建筑室内与室外空间体量的比例、尺度，在立面造型、材料质感、灯光色彩、绿化及人物点缀等方面刻画达到建筑环境的真实效果，让观者体验建成后的真实气氛。因此，绘制效果图绝不能脱离实际的尺寸而随心所欲地改变空间的限定，或者不理解设计意图而主观片面地追求画面的某种"艺术趣味"，要始终把真实性放在第一位，让建筑画的效果符合设计环境的客观真实，如图1.6所示。

综上所述，一幅优秀的建筑表现图也都基本上具有这四个基本特征。正确认识理解它们之间的相互作用与关系，在不同情况下有所侧重地发挥它们的特征，对我们学习、绘制设计表现图都是至关重要的。

图1.5 某舞厅设计(水彩 水粉)　　冯柯

图1.6 住宅设计(计算机辅助设计)　　彭颖超

1.4 建筑表现图的常用工具

俗话说:"工欲善其事,必先利其器"。随着时代和科技的进步,作画工具与材料的出现日新月异,设计表现技法随之变化多样、异彩纷呈。初学者不要被名目繁多的绘画工具和材料弄得无所适从,应在绘制建筑图之前,首先选择合适的作画工具,了解和熟悉它的

图1.7 建筑表现图的常用工具

性能和特点,熟练掌握它的使用方法,这对于提高表现技能很重要。下面简单介绍建筑表现图常用的基本工具及其特征,如图1.7所示。

1. 笔

用于绘制建筑表现图的笔的种类很多,可以根据画法的表现风格、表现类别和个人习惯来选择使用。

(1) 铅笔。

铅笔以石墨为笔芯,断面为圆形,有软硬之分。目前市场上常见的绘图铅笔型号从6H到6B不等,线条浓淡可以随意选择。绘图铅笔用来起稿,涂擦更改都非常方便。在建筑画表现上可以单独使用,称为铅笔画,也可以与水彩渲染结合,称为铅笔淡彩画。另外还有一种活动铅笔,笔芯可以随时更换。

专用速写铅笔,笔芯较软,为椭圆形,可以很方便地画出不同宽度的线条,浓淡虚实变化效果较丰富。

彩色铅笔、木炭铅笔、炭精条等也可以归为此类,除可以单独使用外,也可以与水彩、水粉结合使用,尤其是彩色铅笔与马克笔结合使用,效果更好。

(2) 钢笔。

由于钢笔本身可储存墨水,便于携带外出使用。钢笔的金属笔尖有直型和弯曲型,弯曲型的又称速写钢笔或美工笔,具有独特的表现效果。钢笔在建筑表现画中广泛使用,可与水彩、透明水色结合表现,近年来较多的与马克笔结合,适合快速表现,画面醒目而简洁。

针管绘图笔是手工绘画普遍采用的工具,分可储墨水型针管笔和一次性针管笔,常用的型号有0.1~0.5,尤其油性的一次性针管笔,用来绘制线形稿,再上水彩色或马克笔色后不会被水溶解晕开,画面较清晰,层次丰富。

(3) 毛笔。

毛笔有软毫、硬毫、兼毫三种类型,读者可根据不同的设计表现形式和表现习惯选择使用不同类型的毛笔。软毫笔通常用羊毫制成,柔韧性好,笔肚吸水量大,适宜大面积渲染和不露笔痕的细腻技法,如大白云、中白云、小白云等。硬毫笔通常是用狼毫制成,含水适度,弹性好,用于勾勒细线、花纹、干擦、提高光和亮光等。兼毫笔中有狼毫与羊毫的成分,笔性软硬兼容,吸水量和弹性均适中。

专用齐头毛笔主要指水粉笔、水彩笔,供水彩渲染与水粉渲染之用,每套按大小分号约十余支，如果学生学习用，分别以单号或双号购买五六支就够用了。另外，再备一支有柔性的排笔或大号底纹笔，主要供裱纸或渲染大面积画面使用。

（4）马克笔。

马克笔是英文"MARKER"的音译，笔头较粗，色彩不适宜覆盖和调和，因注入的颜料不同，可分为三种类型的马克笔：一种是水性的，遇水容易溶开；一种是油性的，附着力强，有浸透性，但挥发快；一种是酒精性的，浸透性介于水性的和油性之间，挥发较快。马克笔省去了调色的麻烦，着色简捷，颜色干得快，使用范围广，具有浸透性和覆盖性等特点，而且用笔讲究有意味的笔触，是近年来特别流行的快速表现工具之一。在使用时，应结合纸张的性能综合考虑，才能准确、迅速、熟练地表达出所需要的表现效果。

（5）喷笔。

喷笔在建筑表现图中也是经常使用的一种工具，作画时必须配合气泵一起使用，在画面上宜产生光滑、细腻、柔和、逼真、个性等艺术效果。同时，还需要一些其他的辅助工具，如遮挡膜、挡板等。

（6）其他。

有时还需要油画棒，色粉笔，金、银、铜色笔，荧光笔，高光笔，修正笔等，用于建筑表现图局部点缀和烘托气氛的特殊效果。

2．纸

用于画建筑表现图的纸种类相当多，但在选择纸的时候，应结合用什么笔、用什么颜色、采用什么样的画法和个人有什么样的使用习惯一起去考虑。一般来说常用的纸张有：素描纸、水彩纸、水粉纸、绘图纸、打印纸、色纸、硫酸纸、宣纸、白卡纸等。以铅笔、炭笔作画适合用素描纸；以水彩、水粉、喷笔作画适合用吸水性能适中且较厚的水彩纸；以马克笔作画适合用光滑硬挺的打印纸、白卡纸或硫酸纸；以钢笔、彩铅作画适合用打印纸、色纸或绘图纸。注意作画时尽量不要用橡皮擦纸。还有专门用来绘图的各种灰色调的色纸，特别适合作快速表现图；黑色或深蓝色调的色纸适合烘托表现灯光、夜景和歌舞餐厅的气氛。

3．颜料

颜料主要分为两大类，一类以水粉为代表的不透明色，一类以水彩为代表的透明色。

水粉颜料颗粒较粗，不溶于水，具有浑厚和较强的表现力。水粉颜料还可厚涂，具有覆盖和便于修改的特点。水粉颜料加水调和，又可以使颜料变薄。使用薄画法，还可产生水彩的透明效果，表现技法容易掌握。市场上销售的水粉颜料有瓶装和锡管装两种，锡管装质量较好。

水彩颜料的成分主要是由水、颜料、胶水以及甘油组成，其质地细腻、柔软、变色小，在专业的水彩纸上使用效果比较理想。水彩颜料一般采用锡管装，属半流体状颜料，市面上有盒装供应，每盒为12支或24支。水彩颜料中，柠檬黄、翠绿、普蓝是比较透明的色彩；群青、赭石、土黄的透明性差些；白色或者是带有粉质的颜料就不透明。其中，透明性不强的群青色，在调用时如果能控制好水分，仍然可以获得一定的透明感。有的颜料在渲染时，还会产生沉淀现象，这是由于某些颜料中的矿物质颜料不溶于水并重于水，在渲染时极易沉积在画纸的低凹纹路中，形成较为深色的斑点、斑纹。但是，如果沉淀现象运用得当，有时还会产生特殊的绘画效果。因此，使用水彩，必须了解颜料的性能和运用水调和颜料的规律，掌握水彩设色先浅后深、先薄后厚的基本表现方法。

水粉水彩颜料使用时还要用到调色盒或调色板、笔洗或小水桶等，也可以根据习惯和条件选用小瓷碟或小瓷碗一类的调色工具，但要注意用白色的，否则不易分辨颜色。

4．其他工具

绘制建筑表现图前要选用双面平整的绘图板(常用2号图板)，用来粘贴或裱画纸；画圆滑曲线时还要备圆规或一把曲线尺，与云形板和模板配合使用；绘制线条时还要用到丁字尺、三角板、比例尺等。再备鸭嘴笔以用来画机械细直线，备吹风机用来快速烘干颜色。橡皮、刀子、透明胶带等也不可缺少。除此之外，还应自制一把界尺来帮助画有机直线，利用它既可以画出细如针管笔绘出的线条，又可以画出粗犷挺直的直线与面，并且随着握笔伸缩角度不同，不仅可以画出尺子跟前所要表现的线条内容，还可以画出离尺子较远处的线条。制作界尺的方法很简单，只需用两块有机玻璃直尺相错粘接，形成挡槽，使用时像拿筷子一样，用两支毛笔，一支笔杆朝下，沿挡槽滑动，另一支是蘸好颜料的画笔，随之滑动，要注意用力均匀，保持两支笔相对位置不变，这样才能画出平直挺拔的线条来。其他的则根据个人习惯来准备一些随手的工具。

总之，随着科技的发展，绘图工具的更新换代，绘制的建筑表现图也会因新技术新工具的发展，出现崭新的效果。

第2章 建筑画表现过程中的基本要求与学习方法

2.1 建筑画表现过程中的设计思维

建筑表现图注重想象力和创造性,并以绘画的形式进行表述。画面中的构图、光影和色调等构成了基本内容,运用绘画的审美规律、原理,直接诉诸视觉形象,突出形象自身的直接性和感染力。其首要要求是表现的对象是建筑物或与之相关的题材,其次要求画要有"建筑意味",这两者不可或缺。前者易于理解,而后者"建筑意味"也可说是强调画的"真实性"、"设计性",它是设计师对建筑对象的特有理解,是设计师职业学识、职业艺术修养在其绘画风格上的生动反映。建筑画和一般画家画的有建筑内容的画相比,有很多相似之处,都具有表达视觉及心灵感受的一面。但也有其自身的特点和规律性,它有许多工程设计本身的要求和制约,如尺寸、形状、色彩等的限制。画面更多强调的是形似而非神似,很多元素具有符号性。而通常一般画家的画"画味"足够,而"建筑意味"缺乏或不足。这主要是由于一般画家对建筑和建筑画不够理解,一味地表现其高超的绘画技法,如速度、笔触、飞白等,而对建筑主题的"意味"不能深入刻画。因此,建筑画是绘画艺术中的一种特殊表现方式,具有和绘画艺术有区别的独特的审美特征,如图2.1所示。

"建筑意味"不仅是一种表达意图的设计手段,它更是一种引导

图2.1 建筑风景 郝天

设计师进一步思维的推动媒介。现代有关认知心理学和头脑生理学的研究已经建立了一种综合的形象思维观念，即通过视觉形象构成思维——"观看、想象、表达"，将表达与思维有机地统一起来。当思维以一个具体的形象表现出来时，这个思维就被形象化了。这种图像化的过程正是设计师将自己头脑中抽象的空间形象转化为具象的视觉形象的过程。在这期间，"建筑表达"扮演了重要的角色。从一定意义上讲，表达图像是较全面地记录设计思维在设计过程中各个阶段性成果的文献，其记录的手段也因各种客观条件的要求不同而有所区别。建筑画正是记录设计师的思维从产生、发展到得出结果的最有效途径。设计师在进行建筑画的创作中，把丰富的设计思维与表现结合起来思考、训练，以技法为敲门砖，从而走入设计的领域。事实证明优秀的设计师大多是优秀的绘画师，从高迪到柯布西耶(其作品见图2.2)无不如此，也就是说建筑画表达是设计师在表达设计思维时必须具备的能力。

图2.2　流水别墅　　柯布西耶

　　对于建筑、装饰、环艺等专业的设计人员来说，建筑画是其必要的专业基本功。具有一定水准的建筑画本身就属于艺术作品的范畴，它有助于设计师设计思维的养成和设计理念的表达。建筑表现图作为表达和叙述设计意图的方式，无论是在设计初始的构思阶段，还是中途的调整深入阶段，或者是最终方案结果的表述阶段，都是作为最直接的"视觉语言"，是设计过程中不可缺的、有机的组成部分。设计师在构思过程中，想将大脑中抽象的思维，通过某种方式延伸到外部进行形象化展示，使自己能够非常直观地去发现问题和分析问题，进而解决问题，同时能把设计构思传达给他人。在这一过程中，建筑画便是最为便捷、最为直观的表现形式。在设计的各个阶段，设计师从设计开始就交织着各种各样的构想、分析、改进。而且，需要将头脑里的思维，通过手的勾勒记录在纸上，使其成为可视的图形，以便作进一步的推敲、判断、交流、反馈和调整，也使设计方案随之不断深入和完善。在方案实施之前，要经过反复的论证和修改，不断地调整，往复循环，通过建筑画特别是手绘草图的形式在纸上寻求对设计问题的解答，通过建筑画快图的形式推敲比较设计方案的优劣。画中的图像可以被看成是设计师的思维与自己画在纸上的形象的对话，是眼、手、头脑之间的一种互动。而设计师在这个互动循环之中不断丰富、完善自己的设计构思。同时，这种互动也对眼、手、脑进行了有机的、系统的配合训练，如图2.3和图2.4所示。另外，在日常工作和生活中，建筑画特别是速写便于设计师随时随

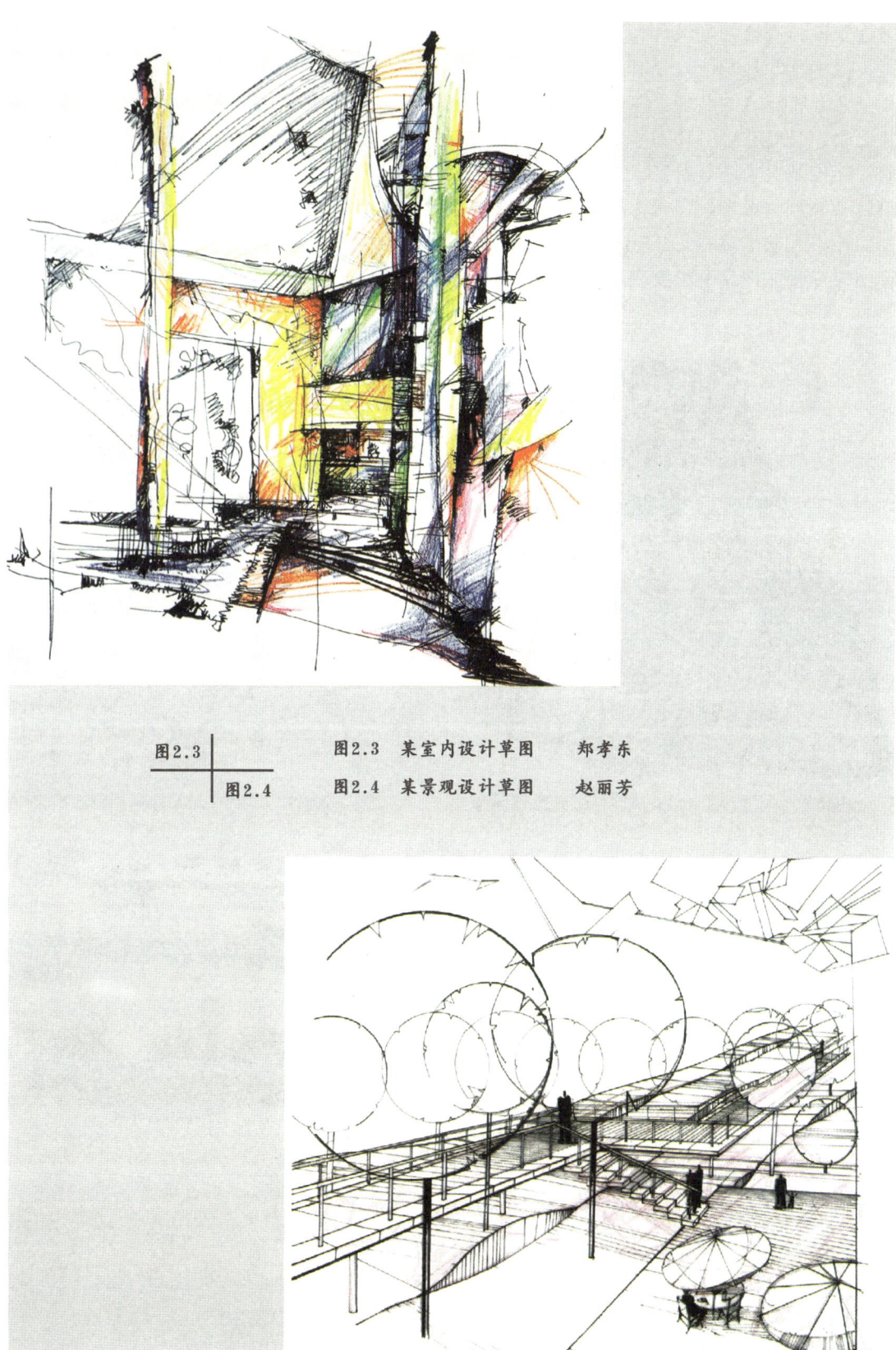

图2.3 | 图2.4

图2.3　某室内设计草图　郑孝东
图2.4　某景观设计草图　赵丽芳

第 2 章　建筑画表现过程中的基本要求与学习方法

地收集设计资料,是设计师记录生活中的点滴设计素材、启发灵感火花的有效工具。设计时,最困难的是与他人分享这种极为抽象的方案创意。也就是说,向他人生动地介绍的设计创意,将建筑的高度、深度的形式和比例及细部形式,通过图像以形象化的真实场景描述出来,且能够激发和引导观者的想象,使他们能在脑海中呈现出设计师表现的景象。因此,无论是对人还是对己,通过绘画的形式使建筑画方案清晰化,是一条重要的途径。在设计师开放其思考过程时,通过建筑表现图将其思想艺术化,这时那些抽象的平、立、剖图像便以独特的风格形式出现,如图2.5～图2.8所示。再加入适当的艺术加工,就可以诠释出设计师在作品中想要表现的情感,赋予设计作品以生动的感染力。

图2.5	图2.6
图2.7	图2.8

图2.5 景观规划鸟瞰图(一)　王新新
图2.6 景观规划鸟瞰图(二)　郑孝东
图2.7 建筑外观效果图　郑孝东
图2.8 景观立面图　周小强

2.2 建筑画表现过程中的艺术修养

什么是设计，设计的实质是什么？设计即思想，思想反映修养。当今社会中，在许多从业人士眼里，设计就是技巧，简而言之，即是画图。其实不然，设计归根到底是一项艺术工作，其创作的源泉在于设计者的自身修养。这是因为他的创造力和想象力都是建立在渊博的知识文化、细心的生活体验和良好的艺术修养基础上的。

深厚的文化底蕴，能使设计者创造出有新意的表现形式。修养与技巧(画图或CAD/3dmax/Photoshop/CorelDraw/Lihgtscape等)的关系，是设计者内在能力与外在表现的反映。技巧是外在的，是在短时间内通过反复练习，便可以达到相当熟练程度的，是任何有恒心练习的普通人都能达到的。修养则是内在的，是个人长期的人生积累和沉淀，是各方面因素的综合反映。

作为设计师，个人的技巧再炉火纯青，如果他的内在没有达到相应的火候，充其量也只不过是个匠人，不足以称为大师泰斗。相反，如果设计师有相当深厚的修养造诣，即使他的技法不佳，也能有大家风范，自可达到"胸中有丘壑，下笔如有神"的自由境界。这就是修养，也是设计师所应追求的东西。但是，修养到底在哪里？也许在于琢磨怎样观察一人一物，也许在于潜心习书作画吟诗作对，也许在于认真地听一段音乐，甚至他正在于路边玩一颗光滑的石弹子……作为设计师，对修养的要求是广泛的，只有修葺好自己的这片心海，才能走向人生的成熟。

眼界宽了，修养提高了，设计水平的提高自然是水到渠成。修养高的人，会认真地观察体味身边的每个细致事物，会努力研判事物的方方面面，在这些看似琐碎无序的细节里，他都能找到兴趣和灵感。他用自己的深厚修养去观察身边的事物，一些平凡的东西在他眼里都具有深厚的修养，一经他经营布置都能与众不同。一个成熟的设计师是具备了艺术家的素养、工程师的严谨思想、旅行家的丰富阅历和人生经验、经营者的经营理念、财务专家的成本意识等诸多方多。设计是设计师专业知识、人生阅历、文化艺术涵养、道德品质等方面的综合体现。只有内在的修养提高了，才能做出精品、上品。否则，就只是处于初级的模仿阶段，流于平凡。一个人品艺德不高的设计师，他的设计品位也不会有高的境界。过去有一种说法：画好建筑画的关键是技法。好像有了技法就能画好建筑画，这个观点是不正确的。建筑表现应是建筑视觉和审美艺术的完美结合，建筑画要把设计师的思想准确表达到位。技法固然重要，但它只是手段，它既不能代替设计师对艺术规律的认识，也不能取代设计师对每张画不同的构思和理解。一幅成功的建筑画不仅感知了作者对素描、色彩知识的理解，还透视了作者对技法的运用和对美术规律的掌握。画面的背后是设计师审美趣味的表述，是设计师整体艺术修养的体现。

在建筑画的创作中，首先考虑的应当是体现设计师和作图者对所设计建筑物本身及其所处环境的深刻理解。其次用忠于真实、高于现实的思想去表达客观存在，让人动心、动情，并对这一即将付诸实现的实物充满信心和爱意，从而达到建筑画的真正要求，而画本身也就成为一件艺术品，这就是建筑画的目的。要做到这点是非常困难的，这从目前大量计算机制作的透视图中精品甚少的实际情况中，就可以清楚地看到。

计算机只能解决技术问题，而作为建筑画的核心——艺术感染力，还要靠具有艺术悟性和艺术修养的人脑才行。因此建筑画最关键的是要深刻理解建筑的含义，体现出建筑的精髓。优秀的建筑画，是用独到的视角选择细腻的材质推敲，用专业的色彩控制表现出脱俗的后期气氛，最大限度地传达建筑师的意图，使建筑与自然、人文更趋完美和谐，如图2.9和图2.10所示。

图2.9　马克笔风景表现图　　潘俊杰

图2.10　马克笔建筑效果图　　庞美赋

因此我们可以说，建筑画是一种特殊的艺术。它既不同于风景画，也不同于山水画，是以建筑为构图焦点、以表现建筑自身形体为目的、集结构与神韵为一体的美术作品。"建筑画是表达建筑设计者意象的画，是建筑工作者的特殊语言，以画代言，以形示意。当然，它既要表现出完美的艺术性，又要表现出建筑物的时代感和建筑的内涵，更要表现出建筑物的功能性。"关于建筑画，中国建筑设计大师吴良镛道出了自己的观点，"画古代建筑，这些画不是考古学上的复原图，而是加进了对未来建筑的许多构想，是情感和理智的再创作。"

2.3 建筑画表现的学习方法与技巧

2.3.1 建筑画表现的学习方法

一幅好的建筑画是艺术修养和审美趣味的体现。建筑表现图在客观记录、表达设计思维的同时，更具有主观的、更为深广的范围延伸与拓展，设计人员要具备一定的艺术修养和扎实的绘画基础，才可以随心所欲地表达构想。画面在反映叙述功能的同时，也追求视觉效果。它是在专业性和真实性的基础之上，通过艺术的处理手法，合理地适度夸张、概括与取舍，创作出的具有审美价值的手绘表现图。从画面上可以看出作者的技法和对美学规律的掌握与应用的能力。

目前，计算机表现图已完全占据建筑、室内设计市场的主流。与此同时一度出现了手绘表现图无用论的观点，许多学生在学习手绘表现图过程中，也感到困惑和迷茫。在盲目使用并依赖计算机的时代，应该认可计算机表现图的诸多优越性，但同时也要清醒地认识到，计算机并不是万能的。计算机表现图也有局限性和不足，比如，它很难在设计构思过程中及时表达脑中转瞬即逝的灵感火花。特别是，在学习过程中如果长期依赖于计算机，就会固化人们的设计思维，对创造性思维的培养带来不利。

因此，对手绘表现图的练习是十分必要的。根据市场所需要，目前的手绘表现图不再以设计方案终极表现细腻、逼真的画法为目的，而是更强调学习构思过程中随意、概括的快速表现。在此过程中，学习的目的、要求也都产生了变化。绘图所选用的工具也由原来的毛笔、喷笔、水彩笔、水粉笔，更换为麦克笔、彩色铅笔等快速便捷的绘图工具。画面也不再像传统的渲染、喷绘的手法那样追求画面物体的准确性、刻画的细致性和画面的深入性，而是追求精炼、简洁、快速、生动等特点。

在建筑画学习过程中，一定要接受科学正规的训练指导，以免走弯路。并且根据一定的程序和步骤制订训练计划，掌握正确的学习方法。

1. 练习表现图的方法

学习是一个由浅入深、由简单到复杂的递进过程。练习表现图时应循序渐进，先从简单的单体练习开始，再过渡到空间局部，最后到完整空间的表现。

上色训练的方法可分为三步。

(1) 单色(素描)练习。

单色练习是指利用同一色系(常选用灰色)不同明度的变化来进行塑造刻画，通过单色表现建筑及物体的体量感和进深感，训练空间的塑造能力，如图2.11所示。

图2.11 亭子铅笔写生图 章瑾

(2) 多色(色彩)练习。

多色练习是指利用多种颜色进行搭配、组合，通过娴熟的表现技法来塑造形体及空间，以达到画面色调的和谐统一，给人以视觉美感，如图2.12所示。

图2.12 马克笔建筑效果图 陈红卫

(3) 限色(概括)练习。

限色练习是指利用限定的颜色种类去描绘对象，用有限的几种颜色表现丰富的画面，它要求用高度概括的手法，精确而简练地表达设计意图，如图2.13所示。

2．学习表现图的顺序

(1) 临绘照片。

临绘是学习的第一步，是熟悉并认识建筑设计、室内设计构成语言的一条捷径。在绘制过程中，要以分析的方法，全

图2.13　水彩风景写生图　　夏克梁

面、细致、深入地解读照片中的设计内容。一方面加深记忆，一方面培养对形体的理解能力，以及对整体尺度的把握能力，如图2.14所示。

图2.14　马克笔风景临摹图　　张方园　临绘照片

(2) 临摹作品。

临摹是学习建筑画较为常见的一种手法。首先要有独特的眼光选择合适的临本，这是极其重要的。在临摹过程中，不能盲目地为了临摹而临摹。而是要注意对作品进行分析总结，肯定与接纳有价值的易掌握的用笔、用色及处理画面的技巧等，研究成图的规律，如图2.15所示。

图2.15　室内客厅水粉临摹图　章瑾　临摹作品

(3) 仿制画风。

仿制指根据适合自己学习风格的优秀作品进行模仿借鉴。总结他人作品的特点、表现技巧，借鉴并运用到自己的画面上。虽然带有明显的被动接纳的成分，但只有通过这种练习，才能由最初的"摹仿、借鉴"他人画风，化转为最终的"自创、原创"独特风格，它是学习手绘表现技法必不可少的环节，如图2.16所示。

图2.16　马克笔环境景观临摹图　章瑾　临摹作品

(4) 写生创作。

写生是一个研究光影、色彩等自然规律的过程。光影和色彩的基本格调形成了画面的视觉影响或感受。有时在课堂练习中，人的思想容易被固化，形成定势思维。因此，所表现的光影关系均是概念中的一种模式，经不起检验。只有通过在写生中观察、总结，正确认识光影和色彩关系的紧密性、相互协调性以及和谐一致性，画面的光影才能表现得更为真实自然，如图2.17所示。

图2.17　河南大学新校区综合楼马克笔写生　　卞成松　写生

2.3.2　建筑画表现的学习技巧

在目前的建筑设计学习、展示中，很多人常常因为将建筑画视为"绘画艺术"，而本能地产生出"这个我做不到"的畏惧心理，便惧怕在这方面去下工夫。事实上，根本无需将这一学习看得高不可攀，因为在空间的绘画表达中，存在着可以被掌握的规律。只要遵循这些规律做好准备，有耐心并多加练习，随着学习的深入，自信就会逐渐产生，由"这个我做不到"变成为"这个我能做好"。

因此，学习建筑画的态度首先要严谨。建筑画的作用，就是要将建筑对象很好地表达出来，反映设计师对建筑对象的认识、理解。其次要守拙，学习要肯下"笨工夫"。许多设计师对于建筑画一直不肯下工夫入门(这是因为未培养起真正的兴趣，也未养成良好的工作习惯)，这是很可惜、很可悲的事。问题不在于禀赋，而在于未能入门和坚持。建筑画的最终表现是简练，增一分则肥，减一分则瘦，这既是学习的过程，也是可以达到的一种境界。

透视、构图、布白、用笔、建筑意味是建筑画艺术形成的要旨。透视,包括形体透视和光色透视。形体透视在画法几何中有种种严密的方法可以学习,这里强调设计师空间感觉敏感性的培养和眼、脑、手协调一致性的培养。室内建筑画对透视的要求及运用比较严格,室外建筑画相对宽松一些,甚至可以把中国画中独创的散点透视应用于大场景的表现中。建筑画的构图和其他造型艺术有共通之处,都讲究意在笔先,胸有成竹,取舍恰当,"疏可以走马,密不使透风",虚实相映成趣。这些意境只有通过大量的学习才能得心应手。建筑画的布白与书法有异曲同工之妙,"计白当黑",图底对比生动。建筑画的用笔要求有:其一要求设计师笔法熟练、流畅,突出线条之美,"绕指柔"、"折叉股"、"铁划银钩"、"如锥划沙"、"屋漏痕"都属于线条美的表现;其二要求设计师充分熟悉所用的工具,表现出各种工具特有的笔触。针管笔、马克笔、彩铅等,都有不同的笔触效果。建筑画的"建筑意味"如前所述是指画的"工程性"和"设计性",如图2.18所示。

当开始进行建筑画的表现时,图面形象必须同时使理性表达与感性感受两方面协调一致。也就是说,建筑画必须成为"正确"的与现实相符的摹写,并表达出高于生活的艺术效果意味。有时过于专注表达的"正确性",会使所有的"感性氛围"表现遭到破坏;而

图2.18　建筑一点透视图　　吴丽丽

"绘画性"的过分发挥，又会导致所画内容失真。因此，重要的是通过练习，将这两种造型语言成功地联系起来，实现这一目标过程的长短取决于绘画者的努力程度和天赋。

不间断的练习，是建筑画的学习手段，也是发展个人能力和风格的必经之路。建筑画水平的提高与天赋无关，"无它，唯手熟耳"。建筑画学习是一个不断反复训练、长期积累经验的过程，这个过程中最重要的是要坚持不懈。一是要坚持学习的目标明确、矢志不渝；二是要坚持把日常生活中与学习有关的每件事都做得完善；三是特别要坚持做好需要反复练习的枯燥的训练内容，例如，线条、素描、色彩、材料、结构等。

学习建筑画还有赖于勤练三写：写生、速写、默写。其中速写最为重要，它可以是写生，或是默写，或是创作，如图2.19所示。速写强调快，快速地画，大量地有修养地有章法地快速画。速写与其他建筑画一样，衡量的尺度也讲究透视、构图、布白、用笔和"建筑意味"，再加一个快，即使是寥寥几笔，也应该做到大致不差。从某种意义上来说，速写就是要求我们随时随地，一有机会就动手，写下身边为之眼亮的事物。

除了大量的练习以外，研究学习范本，对于拓展和检验自己的能力来说，则是一种更加便捷的好方法，也是非常有价值的触动和鞭策。花时间用精力研究大师们的经典作品、理论体系、设计方法、工作经验，并以此为基础和起点，以正确的心态，重新审视自己的位置，打破妨碍学习、进步、发展的桎梏，能使我们的学习走出困顿，并因此获得无穷的灵感，从前的虚无主义和妄自尊大会因此得以根除，并可能找到正确的学习方向。因为，优秀的绘画范本就是一把标尺，可以用来衡量自己的能力水平。在这些范本中，所描绘的内容是与专业语言联系在一起的。从这种专业语言的图像化诠释中，可以看到绘画者及其个人化的风格与笔触特征，并感受到绘画者对建筑的理解和感悟。这时再用自己从范本中总结出来的绘画技巧，指导自己的绘画练习，是十分有意义的，但永久的模仿是不可取的，这样做除了浪费时间之外，画完后收获并不大，根本不会有什么提高。

创作、绘制建筑画的专业性很强，并非一朝一夕所能驾驭，要有一个长期的学习和积累的过程。只要肯努力钻研，勤于思考总结，便可寻找到其规律。抓住规律性特点，才是学习的根本，学习的效果也才能事半功倍。

图2.19 河南大学新校区教学楼铅笔写生图　　张方圆

第3章 建筑表现图的基础要素

3.1 构图基础

构图是指如何在画面中组织与安排所描绘对象各部分的关系，使之成为一个具有趣味性、和谐性的整体。构图(Composition)与文学的"构思"同义。在我国古代画论中，将构图称为"经营位置"，实质是指以所描绘对象作为载体，对画面中形体的面积因素、黑白关系、色彩关系、位置关系等进行综合设计。一幅画是否完整统一，在很大程度上取决于画面的构图形式，而对建筑画的表达同样要在具体的作画过程中遵循画面构图的规律，如图3.1所示。

图3.1 画面构图的比较示意 章瑾

1. 完整

"完整"要求画面饱满、舒适,形象完整、主题突出。初学者往往把物体对象画得太大或太小,过于集中或过于松散,这些都不能给人以美感,也就失去了构图的意义。

2. 变化统一

"变化统一"是构图的主要手段。构图的形式美法则是既要有对比与变化,又要有和谐与统一,最忌呆板、平均、完全对称及无对比关系,因为这将令人感到非常乏味、沉闷。画面如果有聚散疏密和主次对比,有内在的接合及非等量的面积和形状左右平衡,就会产生生动、多变、和谐统一的画面效果。懂得这一法则,就会使我们的构图千变万化,并展现其特有的魅力。

对于初学者来说,掌握作画的构图规律与基本原则,是作画前必须弄清的问题。我们在绘制建筑画的过程中还应根据所要表现对象的特点考虑画面构图问题并遵循以下规律。

(1) 从整个画面的范围来看,建筑中心作为其表现的主体,在画面中所占的大小要合适。如果建筑中心在画面中所占的范围过大,常常会给人们一种拥挤与局促的视觉印象;反之,建筑中心在画面中所占的范围太小,又会给人一种空旷与稀疏的视觉印象,如图3.2所示。

图3.2 建筑中心在画面中所占的大小比较   庞美赋

(2) 从建筑中心在画面中的位置看,建筑中心过于居中会使人感到呆板,但过于偏向两侧,又会给人带来主题不够突出的感觉。因此,一般要把中心安排在画面中线略偏左侧或右侧一些,特别是在建筑中心的正面,即中心位置主要朝向的所在一方能留有较大的空间,给人们以舒展与顺畅的视觉效果,如图3.3所示。

中心位置适中 ———

中心位置偏右、偏高 ———

图3.3 建筑中心在画面中的位置比较 　夏露

(3) 从建筑中心所处地平线的高度看，中心所处的地平线应依据表现对象的实际需要来定，一般视线定得高，看到的地面就多，天空就少；视线定得低，看到的地面就少，天空就多。通常地面和天空不宜画得过大，这是因为过大的地面和天空不仅难以处理，并且还会削弱建筑中心作为主体在画面的表现效果，如图3.4所示。

地平线偏高 ———

地平线适中 ———

图3.4 地平线在画面中的位置比较 　彭颖超

3.2 素描基础

素描是造型艺术的表现形式之一，又是造型艺术的基础及最基本的表现手段。素描是用单色对物体进行描绘的绘画表现形式。它通过研究物体的结构、比例关系、明暗规律等的造型因素，用线、面或者线面结合的表现手段，组织成明暗调子去深入表现和创作对象。素描的表现方法和表现风格多种多样，铅笔、炭笔、钢笔等工具均可用来作画。

学习素描是一个从观察、分析、理解对象到表现对象的认识过程。它包括对结构、形体、解剖、构图、透视、明暗、质感等基本规律的研究，掌握并学会运用这些基本规律，才能准确地表达客观对象。建筑画更侧重于结构的比例、透视的准确、形的立体空间、材料质感的表现与环境气氛的表达等。因此，掌握素描规律是把握造型艺术的关键。学习素描应注意观察和分析以下几个方面。

1. 基本形体

在现实生活中，一切物体都有自己的特征和形态、质地、重量、色彩以及空间。不管物体多么复杂，通过分析都可以发现，它们不外乎是由两种基本形体组成的，即方形和圆形。从造型艺术角度来分析方形物体，有长方、正方、立方；圆形物体有大圆、小圆、椭圆。有些物体方中带圆或圆中带方，但都是从方和圆的基本形体中演变而来的。

物体除了有长宽之外，还有一定的深度，深度在素描造型中是十分重要的。体积和三度空间是物体最基本的特征。观察对象应从长宽、深度、体积上去理解，树立立体和空间的物象。形与体是彼此联系、不可分割的，形存在于一定的体积之中，有体必有形，无形的体是不存在的。在观察任何物体时，必须把它概括成最简单的基本形体，也就是从大的基本体积入手。例如，当我们描绘一座建筑物时，可以从立方体、长方体和球体的特征去分析。立方体从尖角逐步切削后可以接近圆球体，长方体切削后可变成多面体再变为圆柱体，也可以从长方体中演变出棱锥体再变化成圆锥体，同时也可使圆演变为立方体和其他形体。不管何种复杂的形体，都可以从方和圆中去求取，如图3.5所示。懂得物体视觉归纳规律后，就可以用这些基本方法把十分复杂的形体表现出来。这种用简单的形体归纳来认识物体是立体造型的又一基本方法。

2. 形体结构

任何物体都有自己的外形和内部构造。在素描训练时如果只注意外形的变化而不了解其内部的结

图3.5 形体观察（钢笔画） 王记成

构,这样画出的物体,往往是只有躯壳而缺乏物体本质的肤浅表象。一座建筑物,外观的造型和内部骨架的构造是紧密相连的,外形往往反映出一定的内在结构。

内部结构和外部结构两者是紧密相关的,内部构造决定着外部的形体。在建筑绘画中,对物体采用简化成几何形体的观察分析方法,有助于理解物体的外部形体特征,有助于分析其内部构造关系。

在素描训练中,强调结构是十分重要的。因为物体的结构是造型的核心、本质。在一般情况下,内在的结构关系不会改变。无论环境、光线如何变化,这只能引起明暗色调的变化,其本身的结构决不因此而改变。只有熟悉理解了对象的形体与结构关系,才能准确地塑造形体;否则将是"无本之木",浮于外形之表,如图3.6所示。

3. 形体比例

形体结构和比例的准确是统一的。在素描训练过程中,必须强调比例关系的准确性。要做到比例关系的准确,必须整体观察、整体比较、整体表现。一幅作品的整体效果是由它的各个局部统一在整体之中形成的。缺乏细节特征的刻画会使整个画面变得毫无生气,形象就不具体、不真

图3.6 结构素描 彭颖超

实。细节的刻画脱离了整体就会散乱、不协调,形象的真实性也会受到破坏。确定比例关系的方法是从整体到局部,先确定大的全局比例关系,然后再确定从大至小的局部细小比例关系。其中尤其要重视局部与整体的比例关系,如图3.7所示。

4. 明暗

明暗光影是素描造型的重要表现形式之一。自然界中可见的物体都处在光照的形态下。由于质地、光照强弱不同而形成吸收光与反光的强弱差别,形成了明暗光影的不同。加之光照角度及强弱变化,使物体的明暗层次变得更加丰富复杂了。

物体受光后会出现亮面、灰面、暗面

图3.7 形体比例 王记成

等明暗色调的变化，这就是常说的三大面。在三大面中又可根据受光强弱不同而再分成五调子，即亮面、灰面、明暗交界线、暗面、反光和投影，如图3.8所示。

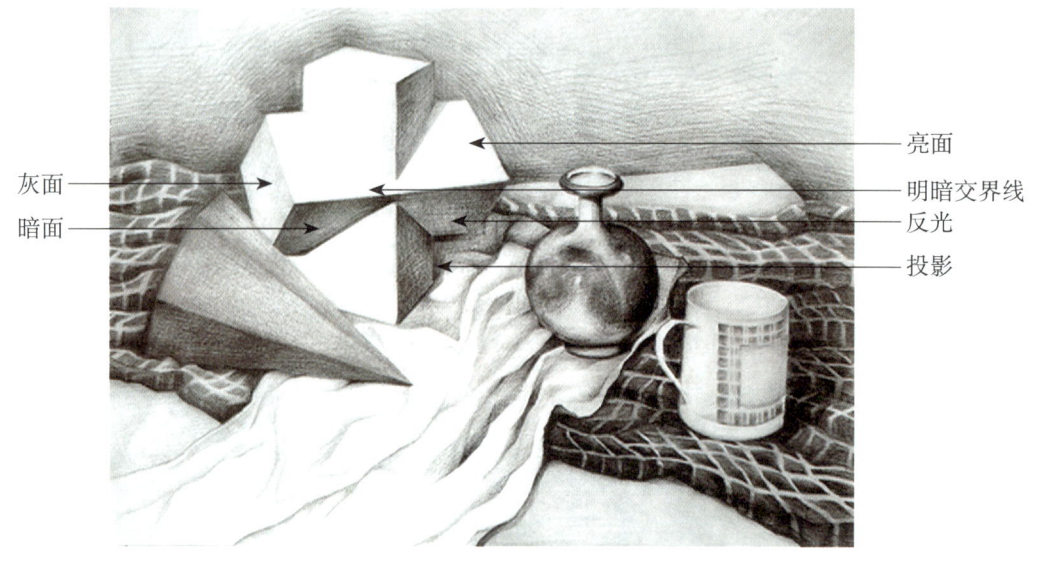

图3.8　物体三面五调明暗变化规律　　彭颖超

（1）亮面。亮面属于物体的受光部，光滑质地的物体受光后，若与光源成90°的入射角，反射时一定会呈现出最亮部或最亮点(高光点)。受光部的形体明暗一般选用2H～4H的硬铅笔来描绘。注意不能画得过于深重而失去受光的感觉。

（2）灰面。灰面是物体受到光线侧射的部分，也称半受光面，与暗部连接，是从受光部向暗部过渡的地带。灰面的明暗层次最为丰富，由于色阶过渡自然而微妙，较难分辨，在表现这部分的层次时，必须通过反复与暗部、明部及其他中间层次比较来确定。

（3）明暗交界线。自然光线是平行照射的，当物体由于自身形体变化而使受光与不受光的部分产生明暗突变，形成了一个交界部分，这一部分是物体最暗的地方，一般称明暗交界线。它既不受光的直接照射，又极少受到反光的影响，它往往处在物体形体转折的结构部位。但又因光源入射角的变化及环境反射光的影响，明暗交界线也往往产生变化。重视和明确画明暗交界处的形状和虚实关系，就能基本把握住对象的形体结构和基本明暗色调。

（4）暗面。由于暗部不同体面的转折和周围反射光的强弱程度不同，暗面的相对亮度是不会一样的。准确的表现将会增强画面的空间感。

（5）反光和投影。反光的形成是由周围环境光的影响所致。正确处理反光，可以增强画面的空间感、透明感和物体的质感。但不应过分强调，反光毕竟处于暗面，再强也不应超过亮面，应统一在暗面之中。投影是物体投射的影子，既表达投射物的形体影像又反映被投射物的形体特征，比如在凹凸的地面或墙面上的投影往往反映出它凹凸的造型特征，这对建筑画特别重要。正确处理投影能加强物体的立体感，故应根据投影透视的规律准确地画出它的形状。投影边沿的明暗反差较大，与物体接近处投影轮廓清楚，远处则模糊渐淡。处于阴影中的物体色调对比较弱，描绘时要使其处于阴影的整体之中，如图3.9所示。

5. 质感与空间感

准确地表现物体的质感是素描训练的基本目的之一。在建筑绘画里，质感的表现十分重要。例如，一座房屋的内外墙面是瓷砖、大理石还是水泥，屋面瓦是小青瓦、琉璃瓦还是石棉瓦，门窗是木质、铝质，还是钢质等，这些不同材料的质地都要用不同的方法去表现。在素描练习时，不深入观察物体表面质地特征，就难以画出它们的质感，也就会缺

图3.9　物体反光与投影　　彭颖超

乏画面的感染力。因此，控制准确的明暗反差和掌握表现技巧以及灵活的笔法对表现物体质感是十分重要的。一般情况下，光滑的物体明暗反差大，粗糙的物体明暗反差小；光滑的物体环境色和光源色反映明显，粗糙的物体固有色明显，明暗反差小；柔软物体的表现用笔要轻松自如，坚硬的物体用笔要肯定有力。

物体除自身的体积外，还和其他物体共存在一个特定环境中，这就产生了相对的空间关系。在二维平面的画纸上要准确地表现三维空间，除了要利用透视规律、明暗规律来表现外，还要强调用主观意识来处理对象，这种主观意识就是从画面主题要求及画面主体出发来加以比较，从而确定哪些要画得清楚、强烈、具体，哪些要画得模糊、虚淡、简略等。通常是前面的物体清楚，后面的物体模糊；强光下的明暗交界线清楚，弱光处的明暗交界线柔和；明部形体清楚，暗部形体模糊；球形物体明暗过渡自然，方形物体明暗转折明显等。对主要物体的处理，形体层次要清楚、强烈；对次要物体的处理，明暗层次要模糊、减弱。了解这些构成空间感的因素，画时注意物体之间的空间距离，就比较容易、准确地表现出画面的空间感，如图3.10所示。

图3.10　质感与空间感　　庞美赋

3.3 色彩基础

色彩可以说是人们最容易感受到的一种美感形式,它是任何类型的绘画都不可忽视的基础训练内容之一。尤其是对于建筑效果图的绘制来说,正确而富有创意地运用色彩,有助于塑造丰富的建筑环境和发掘丰富的建筑设计内涵。而要提高色彩表现的技巧,初学者还需要学习色彩基础理论,锻炼色彩感觉,运用正确的观察色彩方法,掌握色彩基本规律。

3.3.1 色彩的基础知识

物体的色彩是不能孤立存在的,它总是处于某种光线的照射下,并且总是要受到周围环境的影响。因此,构成物体色彩关系的要素一般可分为三部分。

1. 固有色

固有色指物体本身固有的颜色。严格地说,固有色是相对概念,从绝对概念角度看物体本身的固有色并不存在,首先,由于物体的颜色是其吸收与反射色光的能力所呈现的,即反射的绿光多,物体就呈绿色;其次,即使在同一色光照射下,由于照度不同,物体的固有色也会发生变化,即照度越强物体的固有色越浅,照度越弱物体的固有色越深;另外,物体还存在于周围环境中,人在观察周围颜色时,会偏向主体固有色的对比色,同时主体固有色也会偏向环境色的对比色。正是有了这些相互影响,才使自然界中原本不存在调和关系的两种颜色有了和谐的可能。我们了解固有色,更要善于运用这些现象来把握整体色彩关系中固有色的偏移特征。

2. 光源色

光源色是指发光体发出光的色相倾向,即光源本身的颜色。没有光,色彩就不存在。光源色可分为自然光源和人工光源,我们通常是以自然日光色作为识别色彩的依据,其实日光色也非完全静止不变,不同时间、不同气候下物体色彩都有所差异;色相和冷暖不同的光源(发光体)照射下的物体固有色会有较大变化。光源色愈强,对固有色影响愈大,甚至有可能在根本上改变固有色。

3. 环境色

环境色指周围环境对物体固有色的影响,又称条件色。物体不是孤立存在的,而是处在具体环境中的,色彩必然受周围环境的影响和渗透。在建筑画中,环境色对建筑的影响远不如光源色与固有色那样明显,多数情况下是处于从属地位。环境色虽然没有光源色强,但却较难把握,它既受物体表面质地的影响,也受物体之间距离的影响,有时几乎看不出,有时却在相当程度上改变固有色,如图3.11所示。

除此之外,还有空间色,也称为色彩的透视。色彩的透视是由于空气(包括水蒸气和灰尘)作用而引起的色彩渐变现象。一般来说,同样的景物在近处色彩鲜明,在远处色彩暗淡,如图3.12所示。

因此,不同光源、环境、空间条件下,物体所呈现的色彩都可称为环境色。从绘画写生角度来讲,一方面以物体固有色区别于其他物体;另一方面又以环境色呈现丰富多变的面貌。物体的固有色受光源、环境、空间的影响而变化,它们之间由于互相影响形成了物体的色彩变化。初学者要想掌握色彩规律,熟悉上述基础理论是必备的前提。

图3.11 色彩静物(水粉) 冯柯
图3.12 江南水乡(水粉) 章瑾

第 3 章 建筑表现图的基础要素

3.3.2 色彩的观察方法

1. 整体观察方法

整体观察是画家区别于一般人的常用观察方法。经过专业训练的眼睛能整体地去看所画的对象，只有这样才能正确把握整体与各局部的关系以及局部与局部间的呼应关系。使画面局部服从整体，次要从属主要。观察形体要这样做，观察色彩依然如此。整体观察要求看到对象的色彩是综合的色彩,而非孤立的色彩,是物体在一定光源、环境、空间所呈现出的色彩,同时包含色彩明暗、灰鲜、色相、冷暖等方面的对比关系。经过从整体到局部,又从局部到整体,反复分析比较,系统综合概括,充分理解认识,使眼中的形象与心中的形象合二为一,才可能将整幅色调画好。

要养成整体观察的好习惯,首先要学会运用比较的方法。要想把握色彩的大关系,就要对物体各部分色彩进行充分的比较,在比较中确定每一块色彩在整个色调中的位置。初学者往往死盯一点,只在邻近的小色块中比较,看到的只是局部的色彩,而把握不住物体的色彩倾向,更不可能感受到整个色调,如图3.13所示。

图3.13　整体色彩的观察与表达　　潘俊杰

我们常说:"明度相同比冷暖,冷暖相同比明暗"、"同等调子比冷暖,同等冷暖比纯度"。在作画过程中要把整个画面与整个对象相比较。简而言之,就是寻找色彩关系,表现色彩关系。目的是令画面效果整体统一,色调响亮。

2．对比与调和方法

表现对象色彩关系要用对比与调和方法。

色彩对比方法有:色相对比(冷暖对比和补色对比)、明度对比、纯度对比、面积对比、同时对比等。

色彩调和方法有:主导色调和、同类色与邻近色调和、光源色调和、对比色调和以及运用中性色调和、面积调和等。

3.4 透视基础

透视就是在物体与观者之间,假设有一透明的平面,观者对物体各点射出的视线,并与此平面相交之点相连接,所形成的图形即为透视图。而透视图则是以作画者的眼睛为中心作出的空间物体在画面上的中心投影(而非平行投影)。它具有将三维的空间物体转换或便于表达到画面上的二维图像的作用。应该指出,若想绘制理想的透视图,就必须重视透视图的科学性,应按照透视的基本规律,运用科学的作图方法进行绘制,而不能随心所欲、任意夸张。因为只有这样,才能使透视图中的建筑形象真实地体现出其形体结构与空间关系。

3.4.1 透视的分类

建筑物一般多为三维空间的立方体,由于我们看它的角度不同,在建筑画中通常会出现三种不同的透视情况。

1. 一点透视

一点透视也称之为"平行透视",它是一种最基本的透视作图方法。即当建筑或建筑的一个主要立面平行于画面,而其他面垂直于画面,并只有一个消失点的透视现象就是平行透视。这种透视表现范围广、纵深感强,适合表现庄重、稳定、宁静的建筑空间环境,但如果处理不当则容易平淡,当展开面过宽时,超过正常视角的部分会产生失真现象,与真实效果有一定差距。因此,在表现纪念性较强的建筑,如纪念馆、宗教神庙、国家级的重要建筑物及政府的办公楼等时,为了烘托出建筑物庄重、严肃的气氛,往往多采用这种透视方法。

另外,建筑的室内空间也经常运用一点透视的方法来绘制,其原因在于一个灭点求起来方便、快捷,便于使用丁字尺与三角板等工具来作图,一般可在画面中同时表现出室内空间的正立面、左右立面、地面与顶面。但在一些较复杂的场景中,仅用一点透视的方法就不足以完整地表达各种复杂的空间关系,这时就可采用其他的透视方法来作图了,如图3.14和图3.15所示。

2. 二点透视

二点透视也称之为"成角透视"。即当建筑物的主

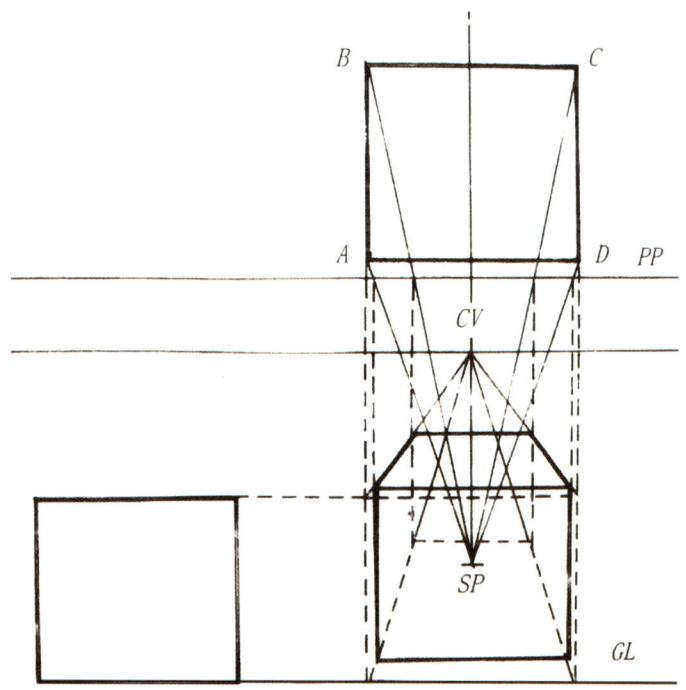

图3.14 一点透视

体与画面成一定角度时,各个面的各条平行线向两个方向消失在视平线上,且产生出两个消失点的透视现象就是成角透视。这种透视表现的立体感强,是一种非常实用的方法。通过它可以同时看到建筑物的正面与侧面两个面的情形,因此在多种情况下,多选用二点透视来表现。通常二点透视的画面效果都比较自由活泼,所反映出的空间接近人的真实感觉,其缺点是角度选择不好容易产生变形。正是由于二点透视具有上述一些特点,在建筑外观与室内表现中,这种透视方法运用得最多,是一种具有较强表现力的透视形式,如图3.16和图3.17所示。

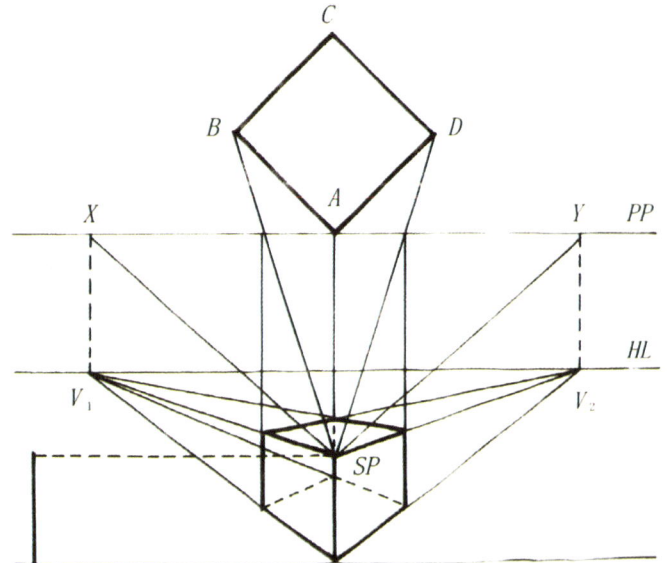

图3.15

图3.16

图3.17

图3.15　一点透视室内效果图　宋云云

图3.16　二点透视

图3.17　二点透视建筑效果图　庞美赋

3. 三点透视

三点透视也称之为"斜角透视"。即当表现对象倾斜于画面，又没有任何一条边平行于画面，其三条棱线均与画面成一定角度，且分别消失于三个消失点上的透视现象就是三点透视。这种透视方法由于具有强烈的透视感，因此特别适合表现体量大或具有强烈透视感的建筑物体。而且，在表现高层建筑的鸟瞰图时，由于建筑物的高度远远大于长与宽，这样从天空看下去，建筑物在垂直方向上就会产生强烈的透视效果，从而感觉到建筑物上面宽、下面窄。这样采用三点透视的方法来绘制建筑物的透视图，可准确地将高大建筑物的透视关系绘制出来。否则由于视觉的误差，就会感觉到鸟瞰图中的建筑物上小下大，表现不出高层建筑的挺拔与雄伟，如图3.18和图3.19所示。

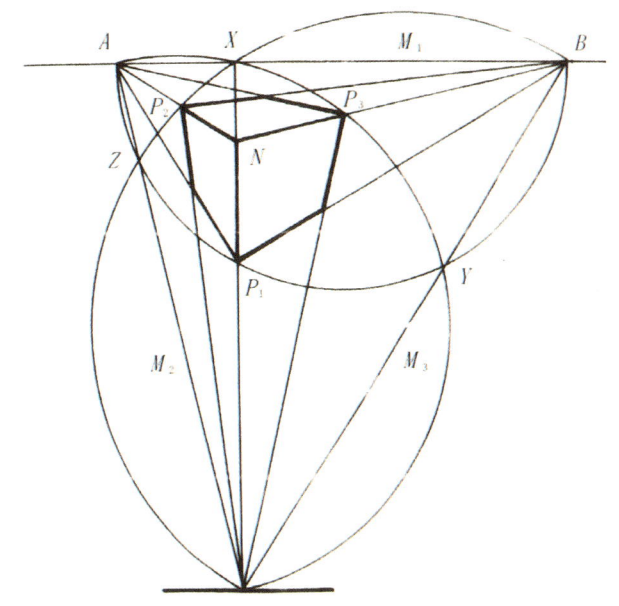

图3.18 三点透视

3.4.2 透视图的绘制

在绘制透视图时要注意以下几点。

(1) 在画透视图时，要考虑室内布置的主次与表现的重点，如端墙、地面、顶面与家具等哪些需要着重表现，这时可通过不同的视高、视距来调整。

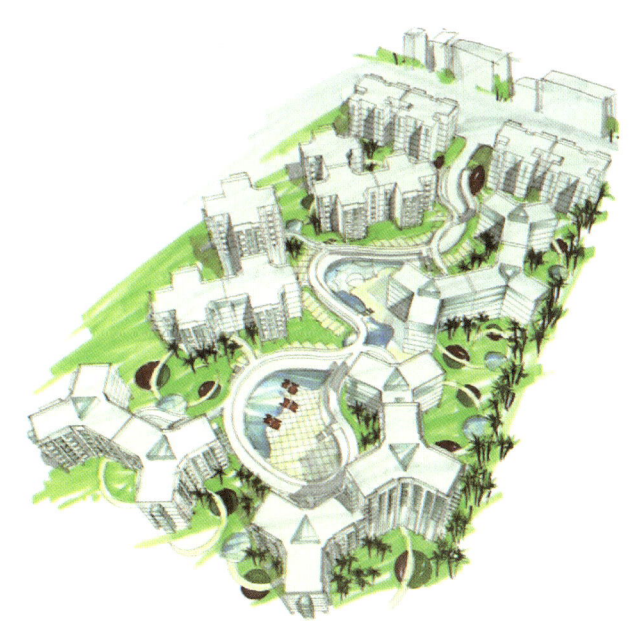

图3.19 三点透视建筑效果图　章瑾

(2) 对画面中室内空间布局的处理要恰当，避免有些角度或拥挤或空洞的现象，可利用绿化植物等对画面作调整与补充。

(3) 画面中穿插的陈设、人物与小品等可起到调节气氛的作用，但要注意其比例的协调。

（4）画面应有虚实感，突出主要部分，强调主要部分的造型、色彩、材质与空间关系，以及相互之间在画面关系中的处理。

总之，设计师从设计构思到最终的表现过程是需要一段长时间的基础训练和技能积累，如有一定的素描功底、速写能力，以及色彩知识和透视知识等的基本训练，同时还要有结构、功能、材料、构造及工程制图知识这些基本技能，这两方面结合才能构成较为全面的设计表达技法。但这些需要平时多读一些相关书籍，多进行归纳、总结，多分析优秀的工程实例，多进行设计上的思考，多动笔临摹中外优秀设计表现图，最后落实在动手能力的训练上。

第4章　建筑表现图常用表现技法

由于表现图是为了将表现的内容以视觉形象表达出来，是直观化、视觉化的图示语言，所以，从理论上讲，任何绘画工具和表现技巧都可以用来画出表现图。我们在很好地掌握前面提到的构图、素描、色彩、透视的基础知识之外，还应该了解以下建筑画的常用表现技法。

1. 铅笔表现技法

铅笔表现技法也叫素描画法，是表现技法中最久远的一种。铅笔画效果朴素典雅，借助具有丰富表现力的线条，表现不同质感、空间感、层次感的物体。不同型号的铅笔表达效果各不相同。用笔时着力轻重、运笔速度快慢、排线疏密等的不同都可以表现出不同风格的铅笔画效果。铅笔表现图既可以表现精致细腻的写实绘画效果，也可以表现概括写意的速写效果。除了铅笔之外，还可以使用彩色铅笔，使用时利用不同轻重的排线、色调重叠以求变化，也可以配合有色纸表现含蓄典雅的气氛，或伴以淡淡的水彩，画出特殊意境的效果图，如图4.1所示。

2. 钢笔表现技法

钢笔画是每个建筑及相关专业设计人员必须掌握的表现技能之一，也是建筑绘画表现技法中最为基本的一种表现形式。钢笔表现技法是一种快速、准确而又十分简练的表现方法，经常练习钢笔画有助于提高

图4.1　河南大学七号楼(铅笔表现)　　章瑾

建筑表现技法

图4.2　开封铁塔（钢笔画）　冯柯

图4.3　景观园林设计（钢笔画）　郑聪

对建筑物与周围环境以及各种生活场景的观察与分析及表现的能力。钢笔画在诸多建筑画表现形式中还具有易于掌握、画面效果易于统一的特点，因此，钢笔画成为初学者学习建筑绘画表现语言中首先接触到的一种设计表现技法。

钢笔表现技法也叫素描画法，它是用钢笔取代铅笔或炭条所作的一种素描。与铅笔不同的是，钢笔表达的黑白、明暗对比更强烈，钢笔技法中的灰调子，只能利用线的排列、叠加、组合产生。整张钢笔画更多的需要用笔排列线条的长短、曲直、方向、粗细、疏密等产生调子变化和肌理效果，如图4.2所示。因此，钢笔画还是一种艺术性很强的黑白画。钢笔画可以是单线白描，用相同粗细的线条表达物体，关键是运用线条疏密来组织画面和构图；也可以在单线白描的基础上，对物体的暗面稍加黑调子，使物体更具立体感和空间感；还可以使用粗线条表达近处的物体，使用细线条表达远处的物体，这样表达视觉冲击力强，画面空间层次较明确，如图4.3和图4.4所示。钢笔画技法的基本要求是写实，黑白灰调子变化丰富，但也可以用装饰手法表达生动的画面层次或者用简洁快速的手法表达。钢笔表现可以与彩色铅笔、水彩等手法结合起来，形成表现力更加丰富的其他效果，如图4.5所示。

图4.4　计算机大楼(钢笔画)　　王记成

图4.5　钢笔淡彩　　常垚伟

第4章　建筑表现图常用表现技法

3. 彩色铅笔表现技法

彩色铅笔色泽柔和，具有半透明性。铅芯较软，分水溶性和非水溶性两种类型。水溶性彩铅是涂在画纸上，用水溶解或用马克笔进行混色处理，如果效果图仅使用水溶性彩铅完成，画面效果并不会十分理想。非水溶性彩铅绘图时无需用水调和，运笔方法与铅笔的运笔一样，易于控制，便于修改，初学者可以多尝试非水溶性彩铅的练习。

不同形状的彩铅笔尖、不同的用笔力量和不同的握笔方式，都能影响线条的特征。使用彩铅最简单的着色方法就是在一种颜色上涂上另一种颜色，使其线条交叉排列，仔细观看时能分辨出两种颜色的各自特征，但要注意避免由于多次修改出现的模糊效果，如图4.6和图4.7所示。适合彩铅使用的画纸一般为水粉纸、水彩纸、素描纸、复印纸、硫酸纸等，但不同质地、粗细的画纸，会产生不同的画面效果。彩色铅笔和马克笔或水彩结合使用也是较为理想的画法，如图4.8所示。在彩铅表现中，运用较多的就是色纸彩铅技法，其方法实质是钢笔线条、彩铅技法在色纸上的综合运用。色纸彩铅的步骤可以理解为用钢笔在色纸上勾线，再使用彩色铅笔涂色的过程。由于这种方法简捷易行，效果较好，不仅在正式表现图中使用，而且构思阶段也常用在草图。了解彩铅的基本原理之后，有美术基础的同学还可以更深入学习彩铅表现图中的色彩运用部分及颜色搭配。如画面的主要色调，配景树的颜色处理方法等，掌握这些将有助于在设计创作中更好地运用彩铅。

图4.6　剧场入口设计(彩铅画)　　彭颖超
图4.7　小高层住宅设计(彩铅画)　　田明万

图4.8 避暑山庄（彩铅、马克笔） 彭颖超

4．水彩表现技法

水彩表现图是建筑画中特有的一种色彩表现方法，它是从水彩画的绘制中发展起来的建筑色彩表现技法之一。水彩画是以水为主要媒介，调配专门的水彩颜料并画在特定纸张上的一种绘画方式，它作为西洋画法传入中国已有两百多年的历史。由于水彩画的绘画工具简便、表现力强，并能在很短的时间内描绘出生动流畅的画面效果，给人以美好的艺术享受，故受到很多人的喜爱。水彩表现图是一种传统的表现技法练习，也是一种难度较大的基本功练习形式，水彩表现图的绘制往往强调其实用性与工艺性，其刻画也讲究精细制作，如图4.9所示。

图4.9 河南大学南校门（水彩渲染） 王记成

建筑表现技法

　　水彩依靠的是用"渲"与"染"的手法来表现建筑的空间环境，渲染颜色的顺序和用马克笔渲染一样，先浅后深，逐渐加暗，其表现特点主要是色彩轻快透明，水分充沛丰润，给人一种清新、舒畅及淡雅的感觉，如图4.10所示。水彩表现图在作画过程中是用水溶化透明颜料，并靠溶化在水分中色彩的布置、渗化、重叠来形成物象，加上它是用毛笔将溶化于水中的透明颜色画在纸上，所以比其他色彩表现形式更加自如、生动、流畅。除此之外，"透明"是水彩表现区别于水粉表现的主要特征，由于水彩颜色没有覆盖力，画面中的高光必须靠预先留出纸的白色。在具体的绘制过程中，由于颜色、水分、时间相互之间影响较大，并且要求在下笔之前必须做出准确的判断，落笔肯定，不宜反复修改。水彩渲染用笔一般是中国毛笔，即大、中、小白云，水彩笔也可以，细部描绘要用依纹笔或叶筋笔，如图4.11和图4.12所示。因此，水彩表现图在技法运用上比其他画种更为讲究，初学者若要想把握住水彩表现图的这些表现特点，无疑需想经过反复尝试与练习，如图4.13和图4.14所示。

图4.10　水彩风景　　潘俊杰
图4.11　河南大学护理学院(水彩表现)　　夏露

| 图4.12 | 图4.12 水彩表现（一） 张全胜 |
| 图4.13 | 图4.13 水彩表现（二） 夏克梁 |

第4章 建筑表现图常用表现技法

图4.14 庐山风景写生(水彩) 庞美赋

5. 水粉表现技法

水粉表现画在我国建筑表现画中运用得较为广泛，日本在这方面的形式风格对我国影响较大。由于水粉画材料的特性兼有油画厚重和水彩流畅、明快的特点，因此有塑造形体结实，表现力强，色彩鲜明强烈，变化丰富，用笔、用色厚薄处理艺术效果好的个性化特征，如图4.15所示。

图4.15　幼儿园设计(水粉表现)　章瑾

水粉表现画的工具主要为水粉颜色、水粉笔、水粉纸。水粉色是用水调和的颜色，但它不同于水彩。水粉色是一种不透明的颜料，水分的多少只能改变颜色的稠度，不能改变颜色的深浅。白色在水粉中起着调节颜色深浅的作用。由于水粉色的不透明性，水粉颜色具有较强的覆盖性，如图4.16所示。一般来讲水粉表现通常是先着深色，后着浅色，用较

图4.16　茶室设计(水粉表现)　章瑾

稠的浅色覆盖在深色之上。水粉由于有较强的覆盖性，因此，在表现形体和色彩关系时，便于调整和修改。另外，水粉颜色有一个特殊性，也是在初学时较难掌握的，即颜色在湿的时候较深，干后则变浅，因此，在着色时要考虑这一因素。水粉画兼有水彩的淋漓轻快感和油画的层叠厚重感，干画、湿画、透叠、覆盖、干湿结合都可以，如图4.17所示。对作水粉表现图而言，还需要一些特殊工具辅助完成，如界尺、遮挡纸等。界尺用来画直线，现在市场有成品界尺，也可自制。在塑料尺上刻划一条凹槽，作为支撑笔的滑槽。遮挡纸用来界定图形边线，可根据需要选用。

图4.17　客厅(水粉表现)　　黄海波

6．透明水色表现技法

透明水色与水彩颜料有相似之处，就是透明，但固着力比水彩强，不易洗刷修改掉，叠加层数不宜过多，对纸张要求较高，起铅笔稿时，不要使用橡皮擦。如果使用透明水色表现，需要先了解好其性能再使用。室内环境透明水彩表现图，其形式构成包括勾线、色彩渲染、水粉高光点缀三个方面。勾线应准确精练；色彩渲染主要是从整体色调出发，作画过程中，不断地加深而不宜减淡；最后用白色水粉来点缀高光。透明水色表现图具有明快、流畅、一气呵成的特点，笔触又与马克笔的效果有几分相似，如图4.18所示。这种技法可以与马克笔、钢笔、油性笔、彩色铅笔、油画棒、色粉笔等结合使用而呈现不同效果。也可以用来自作色纸的底色。

图4.18 客厅(透明水色) 田蒿

7. 喷绘表现技法

喷绘也称喷色艺术，是喷与绘结合的造型艺术。喷绘与其他技法不同点在于，它要借助气泵和喷笔或喷枪工具。喷绘的技巧主要体现在出气量和运笔的速度与角度控制方面。用不同的喷绘方法，可以制成光滑细腻或粗犷浑厚的画面效果。喷绘技法的优点就是能大面积表现色彩的渐变过程，擅长表现朦胧的景色、发光光源、光滑的玻璃、地面的光影效果。其逼真性近似于照相机在真实空间拍摄的照片，是手绘所达不到的，因此喷绘技法独具风采，适用于表现要求仿真的室内空间和形体，如图4.19所示。

喷绘所用的颜料主要是水粉、水彩或专用的喷绘颜料，主要技术是利用蒙版留出需要喷的画面，并不断改变所需要喷绘的部分。喷笔离纸面远时，喷出的颜料面积大、色彩均匀淡雅；离纸面近时，喷出的颜料面积小、色彩浓艳。喷绘技法由于相对费时、费力而被现在快速的表现技法所疏远。

图4.19 喷绘表现 杨丙策

第4章 建筑表现图常用表现技法

建筑表现技法

8. 中国画表现技法

中国画是以线造型为主，而整体构思立意及表现意境上侧重于用笔用墨的技法。要继承这一优秀的传统民族绘画技法，要求学习者在吸取历代国画丰富营养的同时，掌握中国画的纸张、颜色、笔、墨和工具性能，更多地学习、领会中国画的各种画法，不断发展和推陈出新。用中国画的绘画形式去尝试表现中国民族风格的建筑效果图，将别有一番意味，如图4.20所示。中国画表现技法的一般画法步骤是：先起好线描稿，再把线稿拷贝到正稿上。工笔画法的正稿用熟宣纸，小写意的画法用生宣纸。拷贝在宣纸上的正稿经过整理后即可落墨。在发挥了笔法和墨法之后，画面的基本效果就体现出来了。接下来是着色，着国画颜色浅浅罩染为淡色，多次分染为重彩，同时，配合水彩、水粉、金色、银色使用，增强画面的表现力和真实感。这些都要在实践中不断掌握以发挥不同的效果。画好后再精心托裱，托裱后的画面会更加精彩。

图4.20　三门峡通仙观天坛阁（国画表现技法）　　冯柯

9. 马克笔表现技法

马克笔是从国外引进的一种绘图工具，以它为主要工具作画能够在较短的时间内表现出设计师的意图，从而深受广大设计人员的喜爱，如图4.21所示。

马克笔分为水性、酒精和油性三种。油性马克笔是三种马克笔中色彩最稳定、最透明、作画效果最好的一种。马克笔的笔头有很多种，最常使用的是笔头呈一个切面，握笔时熟练地转换笔头与纸面的角度和调整用笔的力度，就能画出变化丰富的线条。马克笔的型号也很多，一般一套有上百余种，但常用的色彩往往只占其中的一小部分，对用起来顺手的一系列色彩型号要牢记于心，以便提高工作效率。马克笔还有丰富的表现力，只要掌握了富有形式感的排线或折线的独特运笔规律，举一反三，就可以描绘出众多材质的质感。如果马克笔再配合彩铅等其他辅助工具加以表现，便可以使画面效果更加出色，如图4.22和图4.23所示。

图4.21　室内设计　章瑾

图4.22　小高层住宅设计　李丹丹

第4章　建筑表现图常用表现技法

建筑表现技法

10. 计算机辅助表现技法

计算机作为绘图工具给现代设计带来了方便，为建筑设计表现图打开了一个新的空间，并显示出广阔的发展前景。计算机表现图能够非常真实地表现出设计效果，逼真的材质，精确的空间尺度和变化以及良好的光线效果，得到了广大设计师和业主的青睐，如图4.24所示。随着设计软件和硬件配置的不断更新，计算机表现的效果也在不断提高，目前已成为设计界运用得最普遍的重要手段之一。计算机表现图常用的软件是3ds max、Lightscape、Photoshop等，通常我们使用3ds max建模型，Lightscape作渲染，Photoshop做后期调整和处理，如图4.25所示。

图4.23　河南大学行政楼　　潘晓
图4.24　计算机效果图　　李琳琳

社会主义新农村住宅设计方案竞赛
经济型住宅

图4.25 襄樊市工业学校建筑设计(计算机效果图) 彭颖超

计算机效果图的表现是个新生事物，需要设计师有效掌握计算机的基本操作技能和全面的综合修养，在计算机中通过设计造型、色彩、材质等要素表达设计意图。计算机效果图中构图视点、材质贴图、光源背景等的绘制都可按需要方便地进行修改调整。但计算机毕竟是一种辅助设计的工具，不能够把计算机设计表现当作替代其他设计手法的法宝。在现代设计中还可以把手工绘画和计算机绘图充分结合，营造出高科技与十足人情味的完美画面效果。

11. 快速表现技法

快速表现中需要将重要的、决定性的体量或重要的辅助定位线精确求出，部分细节可以根据透视效果图的规律快速直接地表达出来。这样在较短的时间里完成的效果图称为快速表现图。快速表现图体现了对传统观念的变革，展示了现代设计的新面貌和新需求。快速表现的方式种类很多，由于规定的限制较少，常常会采用新的工具，创造新的表达手法，如图4.26～图4.28所示。总之，快速表现技法是随着人们的审美情趣、观念发展而产生的，适合于作多种方案效果图的推敲，节省作图的时间和减少繁杂工序，因而深受现代年轻设计师青睐。

图4.26 快速表现设计 章瑾

图4.27 大堂设计　　郑孝东

图4.28 东南大学校园邮局(快速设计表现)　　彭颖超

12．计算机后期处理融入技法

　　计算机后期处理是将画好的表现图通过扫描仪或数码相机传入计算机，作品像素一般要求300dpi，在Photoshop里进行后期处理、加工或者合成。一方面可以弥补绘画中失误之笔，另一方面可以添补上画面中需要的高光亮线。但最重要的还是通过计算机找准视点后进行的计算机剪贴，这样省去了在多轮方案中需要多次修改部分的重绘现象，而且用计算机剪贴可以做到天衣无缝的表现效果。现代的设计师有不少采用这种技法，不妨试一试。如图4.29中的两幅图可在Photoshop里做互换修改，达到节省时间的效果。

图4.29　客厅(计算机后期处理融入技法)　　　陈伟

13. 综合表现技法

随着绘画工具、颜料、纸张等的不断更新发展，表现手法也随之丰富多彩，可以说，只要能表达出设计意图的工具，都能拿来使用，所以，现代表现技法采用多种绘画工具综合使用来表现一些特殊效果。比如水彩与水粉结合，水粉与喷绘结合，水彩与喷绘结合，马克笔与彩铅、油画棒、色粉笔结合，钢笔与彩铅、水彩结合，铅笔与彩铅结合，透明水色与水粉结合，中国画线描与马克笔、水粉、水彩结合。各种技法的综合使用并无定法，可以大胆尝试，要在效果图表现技法中不断创新，如图4.30所示。

图4.30　银行大堂室内设计(透明水色、水粉综合表现)　　冯柯

第4章　建筑表现图常用表现技法

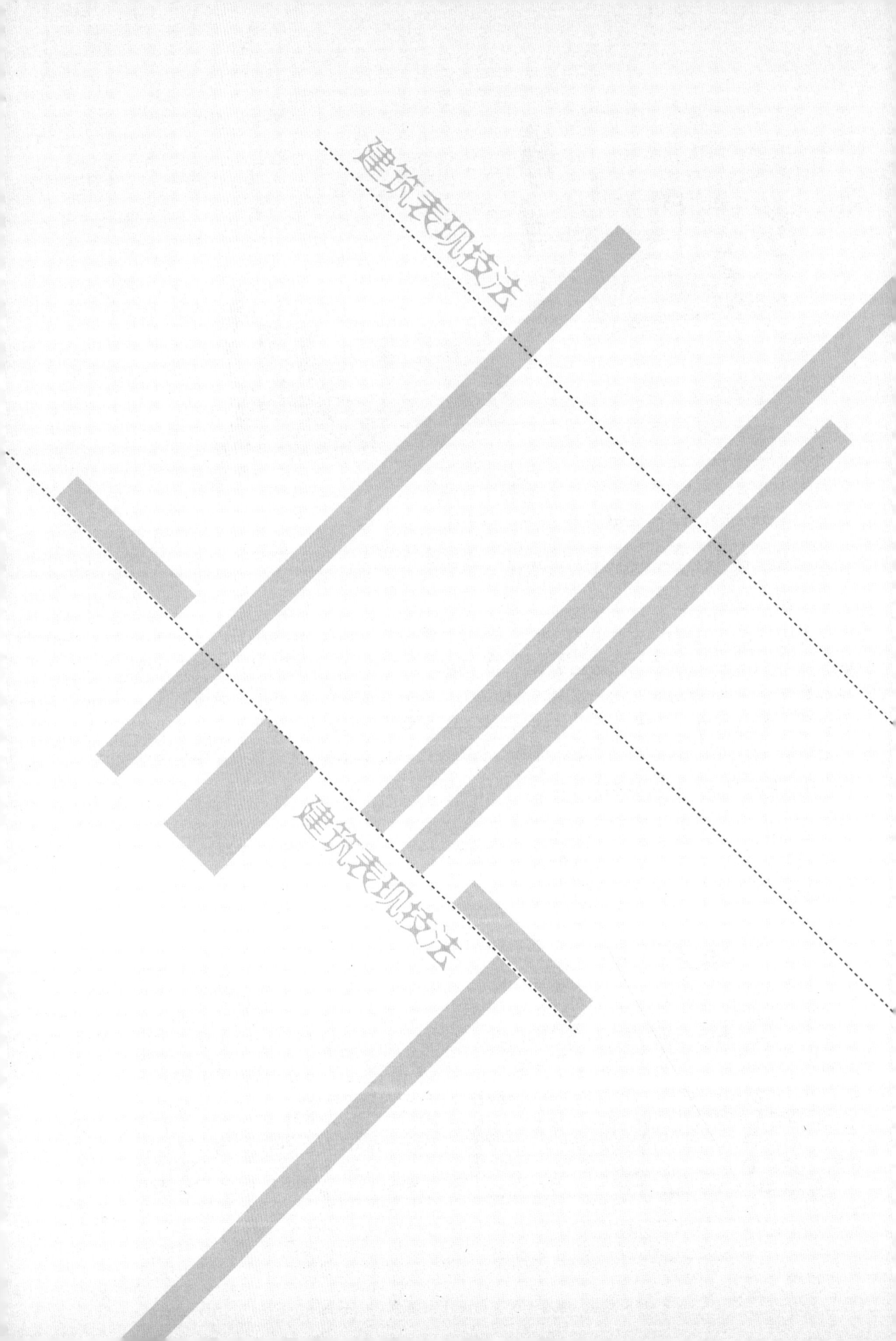

第5章 马克笔手绘表现技法

马克笔由英文Marker音译而来，全称MagicMarker，是指有魔幻般效果的意思。马克笔又称记号笔。笔头是毡制的，有粗细之分，具有独特的笔触效果；颜料是通过溶剂的流动而被纸面吸收，溶剂多为酒精或二甲苯。马克笔色彩表现力强，不易涂改，它既可用于快速表达，又可用于深入作画，形成表现力极为丰富的表现图，如果再配合其他绘画工具，则表现力会更强。马克笔是目前较为流行的画手绘表现图的新工具之一。

马克笔作画具有很多独特的优势，主要表现在以下几方面。

1. 表现速度快

马克笔与水彩、水粉不同，不需要费时去准备和清洗，马克笔生产的商家已配好上百种色彩的马克笔，并将色调进行分类，配有色卡，作画者可直接选用已调和好的颜色笔，从而省去了调色的麻烦，并且色块能迅速干燥，不用等待就可以进行下一步操作。另外，各种宽度的笔头，使马克笔的作画过程简单快速。用马克笔作图，能使画面轻松豪放，是一种与现代高效率、快节奏相适应的快速表现技法。

2. 携带使用方便

马克笔是打开笔帽就可以使用的现成工具，携带起来轻巧方便。它对画纸的要求不高，适于表现的纸张十分广泛，如普通的复印纸、素描纸、色版纸等。

3. 勾画随意新颖

由于不用调色的特点，马克笔很适合作画者现场勾画，而且易出效果，便于设计者与业主之间进行直接交流。马克笔的不同笔头形状，由于能够自由表现点、线、面的形状和面积大小，展现不同的表现方法，给人耳目一新的感觉。使用马克笔对表达不确定性的景观效果和意境以及草图阶段的灵感快速捕捉也起着非常重要的作用。

5.1 马克笔手绘表现技法所用工具、特征及用笔方法

1. 马克笔的分类

马克笔的品种比较多，按照注入的颜料溶剂不同分为两大类：一种是油性的，另一

种是水性的。油性马克笔用有机化合物二甲苯作溶剂，使用时有刺鼻的气味，但色彩鲜艳而透明，耐水性能好，挥发较快，能很快干且不变色，附着力强，使用时动作要迅速、准确。油性马克笔还经得住多次的覆盖与修改，甚至在已作好的水粉、水彩画上再叠加马克笔色彩，其色彩也不会变浑浊。油性笔的颜色相对稳定滋润，手感也比较顺滑。这些特点是其他绘图工具所不具备的，所以深受广大设计师的喜爱。

水性马克笔的颜色亮丽而且具有透明感，但没有渗透性，遇水会化开，干后颜色会变得淡一些。水性马克笔的颜色重叠，笔触明显，所以不宜用于大面积平涂，只适宜作小面积勾勒、点缀。另外，水性马克笔还可以结合水彩颜料使用。与油性马克笔不同的是：在作了多次覆盖后，水性马克笔色彩会变得混浊，如果使用不当，尤其是在较薄的纸上，还会损伤纸面。

目前设计用品店较为畅销的马克笔品牌有：美国的PRISMA(霹雳马)、韩国的TOUCH品牌、日本的MAVEY(美辉)和日本的YOKEN(裕垦)、德国的EDDING(威迪)、法国的STABILAY-OUT等，如图5.1所示。由于这些品牌的马克笔极大地方便了设计师和作画者，因此，这类笔也通常被称为ART MARKER。在挑选的时候，认准一类品牌，多选择一些常用的、纯度不高的中性色彩，所选颜色一般要具备深、中、浅三类，颜色鲜艳的也要有几支，用来作表现图中的点缀。一般来说，配备40～50支马克笔就基本可以应对室内外空间的表现了。

图5.1 常用马克笔类型

2．其他画笔

彩色铅笔，是马克笔表现技法中与马克笔相配合的绘图工具之一，它对马克笔画中色调变化、材质充分表现有很好的补充作用。彩色铅笔有12色、24色、36色之分，根据其特性分为水溶性和不可溶性两种。水溶性彩色铅笔的笔芯柔和细腻，笔触纹理感好，可以画出丰富的色彩层次。水溶性彩色铅笔中"FABER-CASTELL"牌(图5.2)的色彩比较纯正，色质沉稳而透明，且沉淀较少，与水调和使用，会达到水彩效果，可弥补马克笔在冷暖和渐变色调过渡上的不足，也可以很好地衔接马克笔笔触之间的空白。不可溶性彩色铅笔中"中华"牌较好，有白色与银灰两种，常用来提亮高光，增加画面的灰色色域。除此之外，彩色铅笔还可以在马克笔描绘出的大面积上增加细部刻画，表现一些粗糙物体的质感，如岩石、木板、草

图5.2 水溶性彩铅

地、树干、地毯等，其笔触分明，弥补了马克笔肌理表现上的不足。彩色铅笔对于画错的地方也较易于修改，因此，初学者比较容易掌握。

色粉笔可以与马克笔或油画棒结合使用，营造画面的特殊效果，也可以用来铺设较大面积的色块，如天空、水面、室内外墙面、天花板等，其颜色渐变过渡比较柔和，有喷笔喷绘的效果，可以弥补马克笔笔触明显、不易大面积平涂的不足。

水彩、水粉常用以水为媒介进行绘画，可在画面中的适当地方少量使用，其中浓缩的白色颜料可以在马克笔画中表现高光部分或表现较丰富的灰色部分以及勾勒白线时使用。

3．画纸

马克笔对纸质要求不高，但不同的纸张有不同的效果。市面上有进口马克笔专用纸，但没有必要一定采用，且效果也不一定好。下面介绍几种常用的纸张。

(1) 复印纸。较好的复印纸(70g)是马克笔作画的首先选择。复印纸的纸面光滑、细腻、洁白，颜色吃入纸中，有一定洇色，色彩渗透度适中，能较充分地发挥出马克笔流畅的笔触特点，体现画面较强的设计感。复印纸也有一定的透明度，可以勉强拷贝底图，但不能承担多次运笔。从尺寸规格上说，复印纸规格也较多，取用时无需剪裁，使用方便，一般A3、A4幅面的复印纸比较常用，价格适宜。

(2) 马克笔专用纸。这种纸正面吸水性好，上色后色彩饱和度高，反面经过特殊处理，颜色不易渗透，目前市场上的马克笔专用纸价格较昂贵，因此不易普及使用。

(3) 绘图纸。一般绘图纸的纸面较厚，质地不是很透明，能吸收一定的颜色，绘图纸的特性介于硫酸纸与专用纸之间，可多次运笔，也可进行水粉的反复着色和修改，易表现出精细风格的效果图。

(4) 有色纸。带底色的色纸或色卡纸也是马克笔作画较理想的用纸，作画时利用其颜色作为中间色，很容易使画面色调统一，可以节省一定的作画时间和步骤。有色纸为处理不同意境的画面效果也提供了方便，如画室内的灯光效果图，可以在肉色和黄色纸上作

画,夜景效果图可以在浅蓝和深蓝色纸上作画,但这些都要预先考虑到颜色着在有色纸上的变化。最后还需借助彩铅在亮部加粉,暗部加深,使画面更有层次感。

(5) 硫酸纸。属于非渗透性纸,是指颜色浮在纸表面,不易被吸收,也不易干,因此易被擦去。由于硫酸纸质地比较透明,有人喜欢在其背面上色,从正面来看,颜色显得更均匀,并具有一定的灰色系效果,适宜表现远景或中景。一般情况下,硫酸纸上用马克笔着色,特别是平涂不费劲,但颜色会变淡很多,往往感觉深不下去,而且在这类纸上渐变等效果也基本无法实现,这种情况下,要结合彩铅等其他工具来辅助完成。

4．辅助工具

首先,要有较好的专业针管笔或勾线笔,这是上色前的主要表现工具,从0.1mm到0.5mm都应具备,以便绘制各种粗细线条。如果是徒手表现线条,则以一次性针管笔为最佳,如德国的ROTRING(红环),笔尖略带弹性,笔感顺滑,能画出生动、富于变化的线条。

其次,作图的铅笔宜用0.5mm或0.7mm笔芯的自动铅笔,太硬会损伤纸面,太软则易弄污画面。总之,用铅笔起稿时要保持画面整洁、干净,并养成良好的绘画习惯。

最后,尺的品种也要全,如丁字尺、三角板、直尺,尤其是界尺要必备一把。通过界尺可以勾画挺拔、细致的直线,这样可以避免颜色洇在直尺上弄脏画面。通过曲线板还可以勾画不同的弧度线,如果碰到曲线板中没有的弧度,可以借助蛇型尺来完成。除此之外,绘图板、圆规等均需备齐,以满足表现图中不同的需要,如图5.3所示。

5．马克笔用笔着色的方法

马克笔的笔头有很多种,最常使用的是笔头呈斜方形。手绘表现中由于笔头使用角度和用笔力度的不同,其笔触往往有粗、中、细之分,线条宽度均衡,有明确的起笔和收

图5.3　马克笔表现画常用工具

笔，一笔就是一笔，适合反复叠加，但不要在一点上反复描绘，要注意留白。常使用的就是排线，即利用笔触之间产生的重叠痕迹或是细小间距来为画面营造出秩序感，以表现出马克笔充满独特形式魅力的笔触。马克笔快速表现中最为常用的一种笔法是"之"形笔触，笔触间距由密集到逐渐加大，同时用笔上也由粗转细，单色可以形成三到四个层次，虽然画面没有被涂满，却有"满"的视觉效果，这种排列形式既让画面生动又概括地反映了画面黑白灰调子的过渡效果，如图5.4所示。马克笔的用笔讲究快速明确，干净利落，运笔时不能紧张，应针对不同的形体和质感大胆而有序地排列不同方向的笔触，如图5.5和图5.6所示。用马克笔进行着色时，一方面要特别注意画面整体效果的统一，尽量以灰色为主的中性色来协调画面调子，局部搭配鲜艳的亮色点缀画面；另一方面一定要遵循由浅入深的着色程序，即先上颜色较浅的中性色作为基调色，进而逐步添加其他色彩，使画面色调逐渐丰富厚重起来，最后使用较深的颜色进行边角处理，以加强画面整体的明度对比。遵循这两点不仅可以统一局部与整体的色调关系，而且可以有条不紊地完成富有层次感的画面。

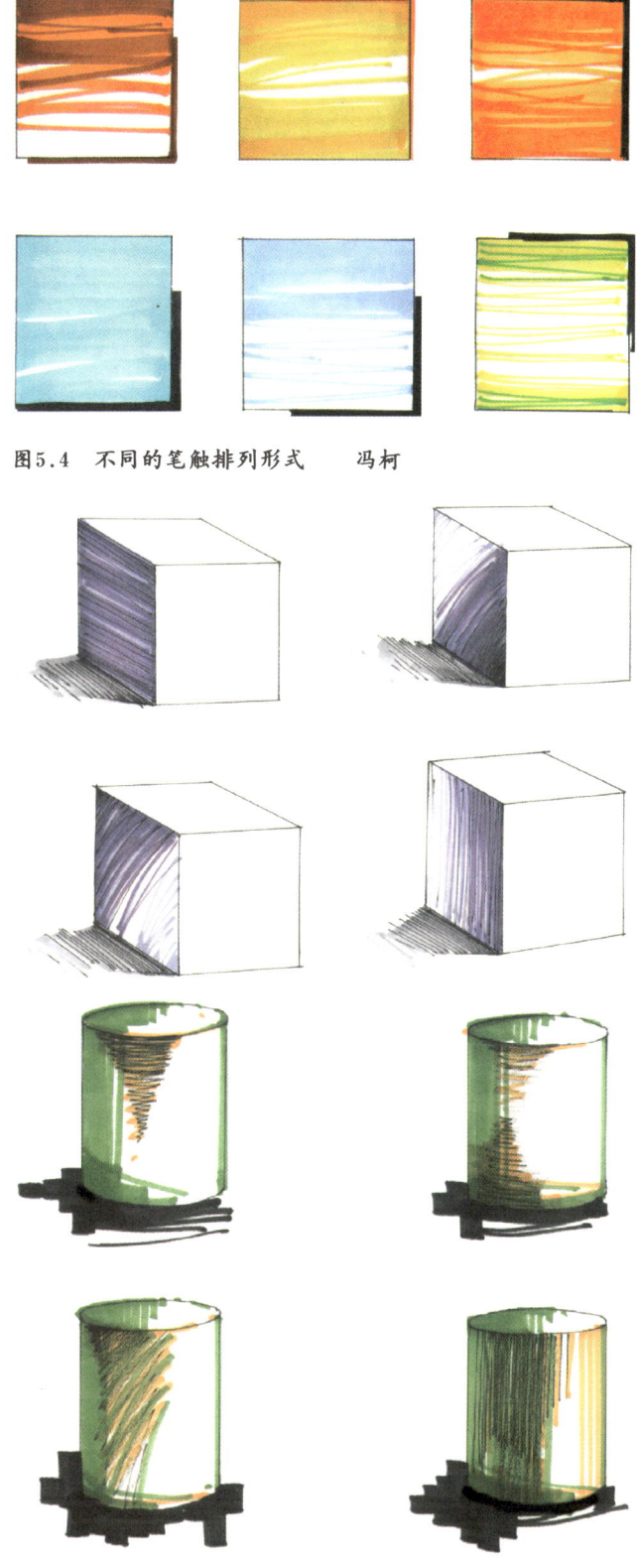

图5.4 不同的笔触排列形式　　冯柯

图5.5 不同方向的笔触排列(一)　　冯柯

第5章 马克笔手绘表现技法

图5.6 不同方向的笔触排列(二)　冯柯

6. 马克笔运用中注意的问题

在绘制建筑画时,马克笔因笔触宽度有限,画幅不宜过大,一般情况下,以A3图幅为主(包括周边虚化处理和留白),A4图幅较适合小品、快图等,A4以下的小图幅绘制起来更加快捷,更容易把握整体,也更能体现马克笔的特色。A2或以上的图幅,一般很少见到,如果要扩大到A2图幅,只有将作品通过扫描后存入电脑,再通过打印来放大。

马克笔的颜色还有一个褪色问题,这是由于光线中紫外线对溶剂色彩的破坏作用。一般情况下,马克笔表现图完成后,应避免日光照射,妥善保存在阴凉处或尽快将原稿扫描成电子文件,以计算机打印的方式来展示作品。这都是保持作品原有面貌的有效方法。

马克笔表现图中还要学会"留白"的技法,这是由于马克笔表现中不宜大片涂满色彩的缘故,要发挥纸面白色的魅力,力求画面简洁明快,追求以少胜多的意境情趣。

5.2 室内效果图的马克笔表现技法

室内设计作为一门营造空间环境氛围的综合艺术,与时代的发展、人们生活的品位息息相关,越来越得到社会的关注,逐渐成为现代设计的重要内容之一。效果图的表现是室内设计的主要环节,应近似真实地体现室内设计的立体效果,并通过形象化的语言表达设计师的设计构思、空间塑造和及其所使用的材料工艺,在简练、概括表现设计意图的基础上达到画面效果的气韵生动,以熟练的表现形式创造出高品位的设计作品。马克笔由于色彩丰富、作画快捷、使用简便,且能适合各种纸张,省时省力,因此,在近几年里成了设计师的新宠。本节将详细讲解通过马克笔表现室内形体与质感的技法训练,分解技法作图的步骤,点评室内效果图的马克笔表现技法作品,使学习者清楚地了解室内效果图表现过程中每一个步骤的进度和要解决的问题,希望给初学者提供参考和借鉴。

5.2.1 马克笔表现室内形体与质感的技法训练

一幅精彩的室内马克笔表现图,是对各种空间、物体、材质进行准确的手绘表现所组成的综合效果,尽管我们的表现工具不外乎针管笔、马克笔、彩色铅笔等,但随着表现图绘制的形体材质不同,使用工具的方法和表现方式也就不同,有表现粗糙的木材、石材,也有表现透明的塑料、玻璃,更有表现反光极强的金属等。所以在表现不同物体材质时应注意把握马克笔的不同运笔方向和用笔方式,掌握几种常用的室内形体与材质的表现方法,这些都是马克笔手绘技法的重要基础。下面将室内设计中马克笔手绘图常用的一些形体与材质表现技法列举如下。

1. 室内家具的表现

家具是室内空间的基本元素形态,占有重要地位。练习室内单体家具的表现技法,目的是熟悉马克笔的特性,掌握运笔的方法和感觉,注意笔触与不同形体结构的结合方式,训练表现造型、准确把握透视、色彩协调、线条简洁有力等综合表现手法,为整体表现图做好铺垫。

室内家具的种类繁多,造型变化丰富,对餐厅里的餐桌椅、会议室里的会议桌椅、客厅与客房中的沙发、陈列架、画框、钢琴、储物柜、视听柜及睡床等的表现,要区别对待。在用马克笔表现时要注意层次的变化。

家具的造型多为直线或与曲线的结合,材质为木质,常遇到的木材装饰面板有枫木、松木、樟木、檀木、柚木、红胡桃木、黑胡桃木等。描绘时要注意恰当地选用木色基调,描绘的手法上,注意笔触方向与造型结构方向的结合,马克笔的笔触中适当留白,可以产生一种自然的光感视觉效果,然后进一步加深暗部,强调黑白灰关系及质感描绘,如图5.7所示。

图5.7 家具(一) 冯柯

桌子的表面质地比较光洁平滑,又有一定的反光,画这种形态时,可有意将水平面提亮,强调画出垂直方向的笔触,笔触线条要注重流畅感,以表现其反光与倒影,并在面与面的转折处巧妙地留出高光白。为了衬托家具的立体感与空间感,在完成了家具的描绘后,要在家具下的地面上画出它的投影,但也可以先画投影,后画家具,投影不要画的过深,要有空气感,如图5.8所示。

建筑表现技法

图5.8 家具(二)　冯柯

　　电视机及音响设备的处理手法上,应使用马克笔横线或横线与竖线垂直交叉的笔触,并在暗部叠画出疏密有致的明暗渐变效果,如图5.9所示。沙发和椅子,较多运用了颜色渐变的方法,也就是马克笔由浅到深、由淡到浓的表现方法。这种方法多用于表现一个物体在受光的情况下各处不同的光感渐变效果,一般情况是根据物体的具体材质来选用不同深浅色系的马克笔。可以只用一支马克笔重叠表现物体的渐变关系,也可以用同一色系、不同纯度的多只马克笔交替使用来营造出这种效果,如图5.10所示。除了强调反映其光感渐变效果外,最重要的是,要随着材质本身的反光程度不同,应用不同的留白技巧,同时要注意笔触的灵活性。总之,表现室内家具时,要概括处理,分清主次与虚实,注意透视关系,着重用笔触表达大的体积与光影,防止出现家具漂浮在半空中的现象。

图5.9 电视及音响设备　冯柯

2．室内花卉植物的表现

现代化的人类居住、办公环境中，崇尚自然，回归自然的生活追求已成为一种时尚，在室内种养一些花卉、植物，不仅能调节室内温度、湿度，净化空气，而且对美化室内环境、烘托气氛也起到重要作用。室内选用的植物要适应室内生长环

图5.10　坐椅及沙发　　冯柯

境，主要有观叶类、观花类和观果类。观叶类有竹榈、滴水观音、马尾铁树、龟背竹、吊兰、文竹等；观花类有秋海棠、君子兰、水仙等；观果类有石榴、冬珊瑚、观赏小辣椒等。室内的花卉一般选用盆栽或插花。

用马克笔表达花卉植物时，首先要对所表现的对象外表特征、结构进行仔细的观察和了解，表现中要注意植物的生长规律，以及枝叶的前后关系和叶面的反转透视。表达时一般采用两种手法：一是写实的手法表现，使用这种手法时，不仅抓住造型特征，而且色彩表现也应接近对象，体现出逼真效果；二是装饰的手法表现，使用这种手法时，往往只抓造型特征，形和色具有一定的装饰性，用色比较平面，体现出装饰性。无论采用哪种手法，用笔都要注意简洁概括，笔触粗细灵活娴熟，前后层次叠映，最后点缀上些许小面积鲜艳的色点或用高光笔提亮个别枝叶，以增加画面生动感和光感，如图5.11～图5.15所示。

图5.11　室内花卉植物(一)　　冯柯

图5.12　　图5.12　室内花卉植物(二)　　冯柯
图5.13　　图5.13　室内花卉植物(三)　　柴洋

图5.14 室内花卉植物（四）　章瑾

图5.15 室内花卉植物（五）　陈红卫

3．室内灯具的表现

在室内表现图中离不开对灯具的刻画，灯具的造型变化丰富，不同的室内空间，选择不同的灯饰。在大厅堂中，可能会出现成组的灯具或几盏大吊灯。用马克笔表现时，就要十分注意大的效果和整体气氛，要一气呵成，不要多次覆盖和涂改。如果在小居室，又是单个灯具的情况下，用马克笔绘制时就要注意笔触与灯具结构的结合，同时注意对光晕效果的细致刻画，光晕可以结合彩铅表达，如图5.16所示。

4．室内织物的表现

室内最常用的纺织品就是窗帘、床上用品、地毯及布艺沙发等。窗帘在室内不仅能遮光，而且在室内环境中还起到装饰作用。在表现窗帘纺织品的图案和各种造型时，可以先用马克笔淡淡地平涂面料底色，然后再根据窗帘不同的装饰造型，刻画出主要的褶皱和体积变化，受光部分可留白处理，最后可配合彩铅有虚实地画上其图案纹样，但要注意表现图案要与面料相融合，随褶皱折而变化，不能过于突出，如图5.17和图5.18所示。

床上用品主要是床罩。床罩与窗帘在表现上有许多相似之处，首先应根据受光和背光关系，用马克笔的大笔触表现出床的体积块面，床面一般表现得比较平整，床罩两侧的

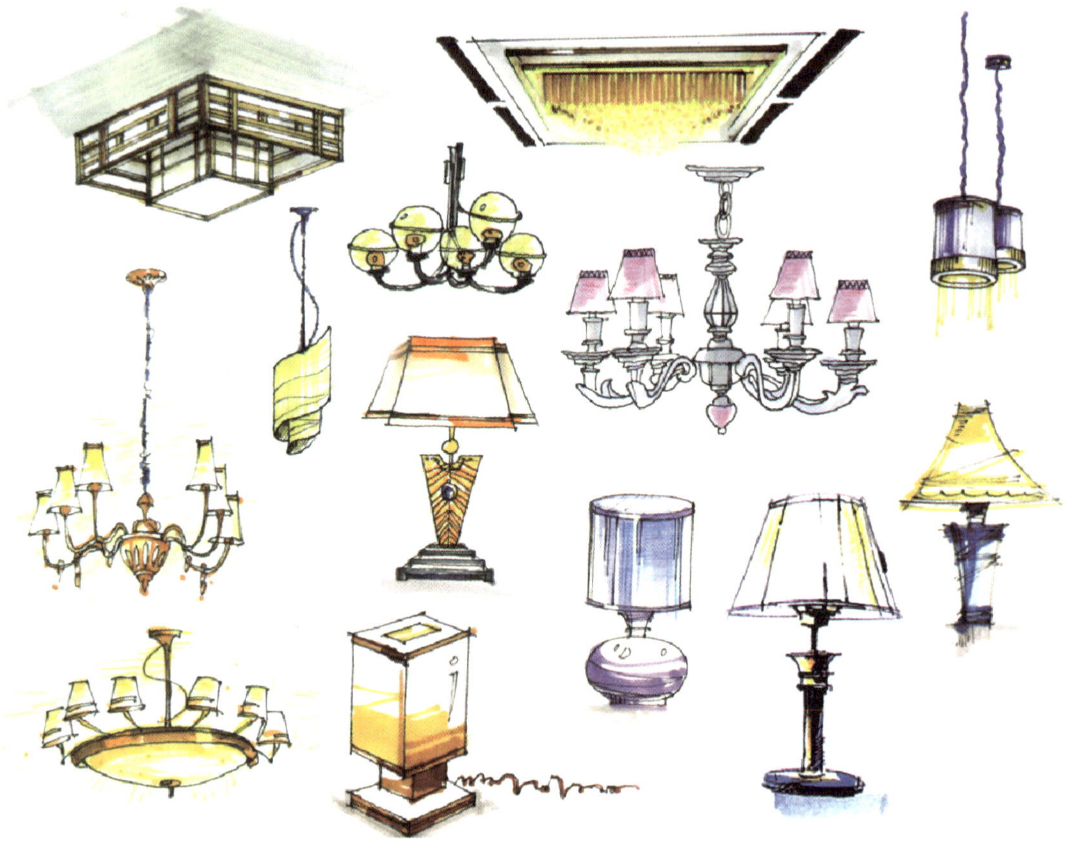

图5.16	
图5.17	图5.18

图5.16　室内灯具　　冯柯

图5.17　窗帘(一)　　冯柯

图5.18　窗帘(二)　　张方圆

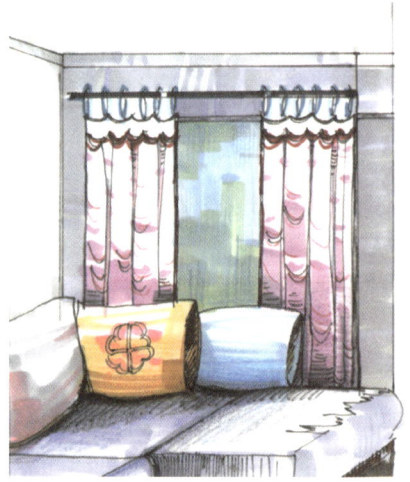

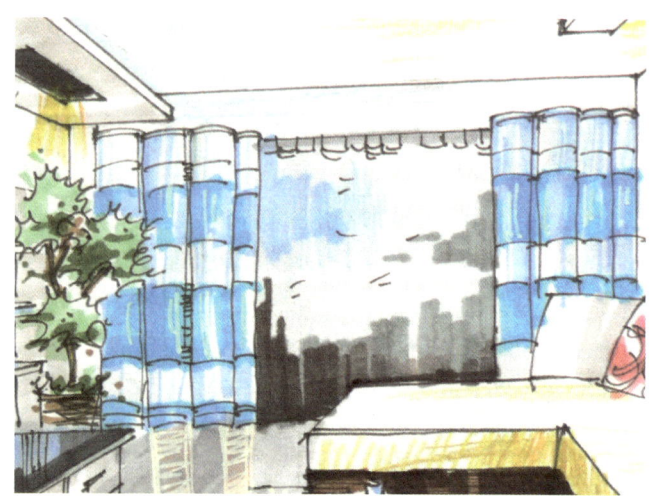

下垂部分可适当画一些褶皱，床罩上的图案纹样要根据床的体积来画，在色彩上要有明暗和冷暖的变化，要表现出纺织品的柔软感，且用笔不能过硬，转折处要适当地有过渡变化，如图5.19所示。在马克笔笔触的基础上加画水溶性彩铅，不仅加深了纺织面料质感的刻画，而且丰富了织物转折的明暗层次。

地毯在卧室、会议室以及高级场所被广泛使用，它不仅能保暖、吸尘、吸音，同时对室内环境也起到了一定的装饰作用。地毯的质感柔软、蓬松，边缘毛糙，可以用颜色半干的旧马克笔来画，也可以借助彩铅对马克笔的笔触进行过渡。表现单色地毯时，主要应注意地毯色彩的前后明度和冷暖的变化，使其呈现柔和的效果；表现有美丽的装饰图案的地毯时，要用马克笔先淡淡涂上底色，然后再用各种彩铅表现图案纹样，图案与色彩应根据地毯的透视而有所变化，否则，地毯就没有空间感，最后画出地毯周边的阴影和两端的经纬线，以增强地毯的立体感和真实感，如图5.20和图5.21所示。

图5.19	图5.19 床及床上用品 冯柯
图5.20	图5.20 地毯（一） 冯柯
图5.21	图5.21 地毯（二） 庞美赋

第5章 马克笔手绘表现技法

沙发造型千姿百态，但沙发的饰面材料一般都选用真皮或人造皮，以及纺织品面料。沙发的纺织品面料分为两种：一种是有图案的，另一种为单色。马克笔表现单色面料饰面的沙发时，主要应注意几个面的明暗关系和色彩变化，朝上的面一般最亮，可留白多一些，色彩一般含有灯光或天色光。其他立面应根据来光的位置，分出次亮面和背光面，有时为了防止几个面平涂时过于单调，可用深浅不同的同类色，画几道深浅粗细有变化的魅力笔触，如图5.22所示。

图5.22　沙发（一）　　庞美赋

在表现带有图案的织物面料的沙发时，与单色面料饰面的沙发相同，先用单色也就是面料的底色来表现，然后根据不同的受光面的亮度画图案纹样。在画图案纹样时，可与彩铅结合使用，但要注意色彩和底色的对比不宜过分强烈，要柔和，图案和纹样应根据沙发的转折和透视关系而有变化，如图5.23所示。

图5.23　沙发（二）　　王记成

沙发靠垫也是经常表现的室内织物陈设品。它不仅有靠背的功能，同时还起到装饰环境的作用，有时，当沙发表达显得过于单调、没有变化时，适当地表现一些靠垫，利用靠垫鲜艳的色彩和图案来丰富画面的整体效果，能增加画品的生活气息，如图5.24和图5.25所示。

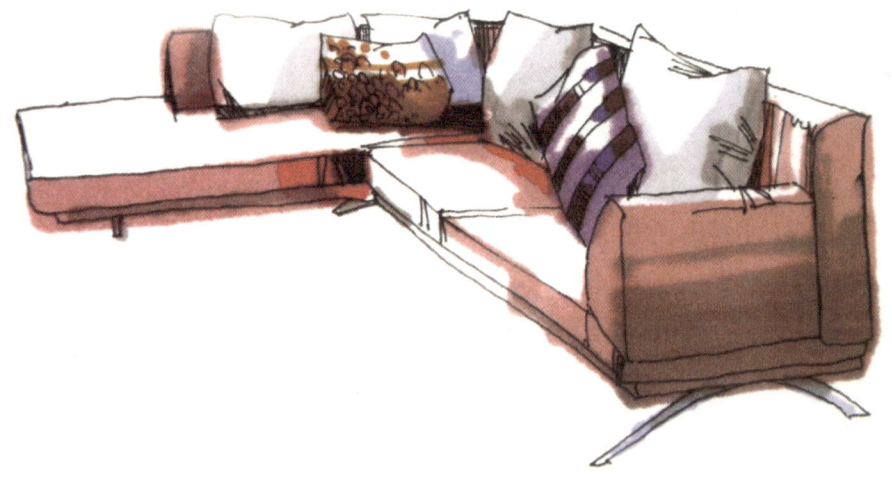

图5.24　沙发（三）　冯柯

图5.25　沙发（四）　陈红卫

5．室内材质的表现

在目前的室内装修中，使用不锈钢、石材、木材、玻璃等装修材料很普遍，因为材质美是丰富空间及造型美不可缺少的内容。材质美的表现，在室内效果气氛中，同样显得不可缺少。

不锈钢是金属材料，表面光滑，反光强烈，类似镜面效果。常用来包柱、装饰边框或贴面材料。马克笔表现不锈钢材质时，一般选用冷灰系列即CG系列型号的马克笔，要多用果断的直线笔触表达，加大它的反光度和折射后的光影变化与明暗对比。不锈钢面折射后的部分，颜色一般比较深，中间部分基本上表现的是环境色，而高光部分基本上留白处理，如图5.26所示。画不锈钢柱时，一般用由浅至深的冷灰色系马克笔以一定宽度的垂直线条画出柱身，区分黑白灰三个层次，并根据物体的体积变化强调受光面与背光面的明暗差别。在此基础上用黑色马克笔和针管笔叠加画出柱身上的极黑处，以此为经典之笔，但应注意其位置、形状和多少。最后用修改液或高光笔提出柱身上的反光亮点和高光，如图5.27所示。

图5.26　不锈钢材质基本笔触　　冯柯

图5.27　不锈钢柱　　冯柯

室内常用到的石材装饰材料主要有大理石、花岗岩、毛石、石砖等。大理石、花岗岩被广泛运用于地面、墙面和柱子等。由于其自身特有的纹理和一定的光泽度，在用马克笔表现其光感时，要注意用笔快速、果断，可通过宽笔触的叠加和留白形成调子的过渡，如图5.28所示。在表现其自身具有的自然纹理效果时，首先要表现石材本身的底色，然后不等到底色完全干透时，再用马克笔的细头，采用乱笔法表现石材的自然纹理，这样纹理和底色可以较自然地交融，或者利用彩铅加画出深浅变化的石材天然纹理，纹理的笔触要灵活，如图5.29和图5.30所示；另一种石材是无任何纹理，表现这种材料时，只铺底色，但要根据空间的远近，色彩有深浅变化，然后再表现出不同物体在光洁的地面石材上所产生的倒影，画地面的倒影要注意在空间位置上的深浅变化，用笔要挺直利落。等前面的效果处理好后，再根据透视关系，有虚实地画出石材铺设拼接之间的石缝，如图5.31所示。毛

图5.28　石材(一)　　冯柯

图5.29　石材(二)　冯柯

图5.30　石材(三)　黄莹

图5.31　无花纹石材　章瑾

石、石砖这一类石材，由于表面粗糙，本身有凹凸不平的变化，因此在表现时，既要考虑整体的色调关系，又要根据石材的特征，画出石材的明暗变化，用笔要灵活，要考虑石材的受光面和背光面的关系，如图5.32和图5.33所示。先用针管笔勾画石材的造型和暗面及石材的缝隙，然后用马克笔铺设整体色调，再叠加上暗面或砖缝的色彩，最后用高光笔提出受光面的边缘或砖块，表现出立体感。总之，用马克笔表现时要用以点带面的方法处理，用笔的方向应该和材质的纹理方向基本保持一致，如图5.34所示。

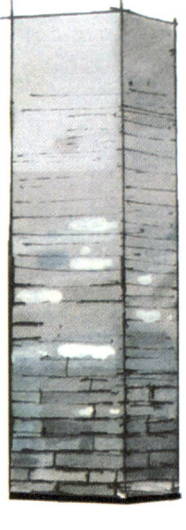

图5.32 毛石、石砖　冯柯

图5.33 装饰毛石　王记成
图5.34 装饰石片　黄莹

随着建筑材料的发展，室内装修使用玻璃和镜面材料的种类和色彩也层出不穷，在室内效果图中能较逼真地表现出玻璃或镜面的质感效果就显得十分重要。玻璃具有透明、反光以及镜面的特性，表现时要研究它所在的环境和光线，才能把各种玻璃的质感充分表现出来。比如表现透明玻璃，先不考虑玻璃本身色彩而直接把玻璃后面的物体有选择地、简略地勾画出造型、色彩、明暗等，并且物体色比原来的色彩画得重，干后用渐变的马克笔画出蓝色调或淡绿色调的玻璃，并用略深颜色的笔触体现玻璃阴影部分，最后用高光笔或涂改液画出玻璃分割线或高光。总原则是根据受光和背光铺设深浅变化的笔触，笔触的美感至关重要，如图5.35～图5.39所示。

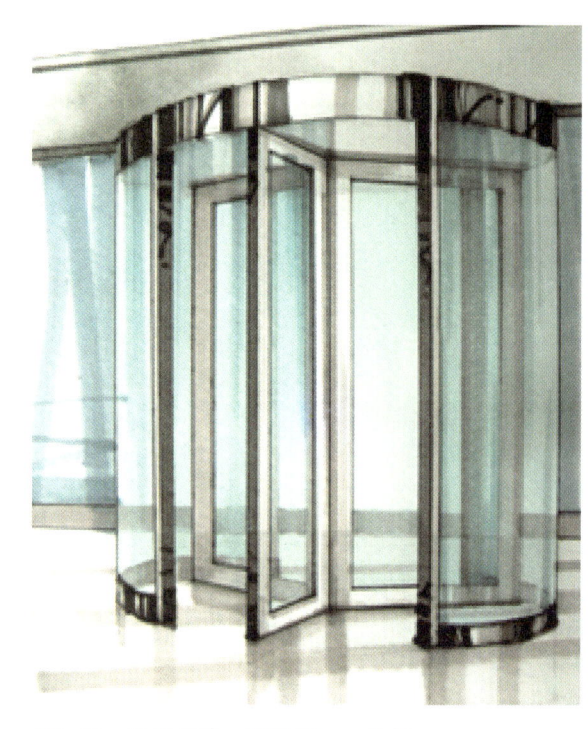

图5.35 透明玻璃、不锈钢 冯柯

第 5 章 马克笔手绘表现技法

图5.36 透明玻璃(一) 黄莹

图5.37 透明玻璃(二) 夏露

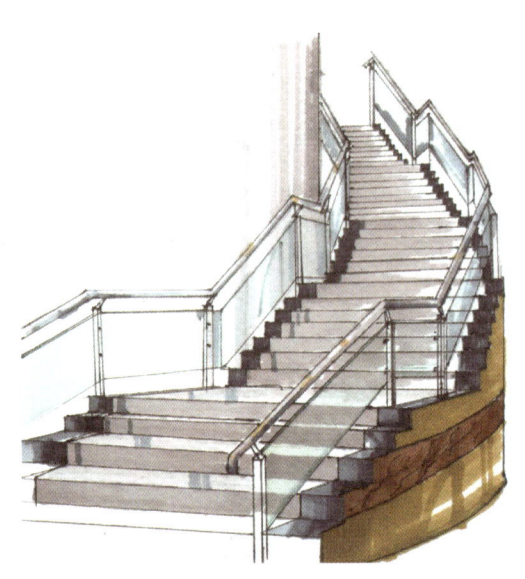

图5.38 透明玻璃、不锈钢　刘鹏　　　　　　　　图5.39 透明玻璃、木材质　章瑾

如果表现带有花纹的装饰玻璃时，如图5.40所示，首先以渐变的马克笔画出玻璃，要有深浅和灯光的色彩效果变化，然后用彩铅或细头马克笔添画玻璃上的图案，使图案隐隐显出。镜面的表现方法与对玻璃、不锈钢材质的表现一样，笔触效果和表现不锈钢材质用笔方式很相似，都是要表现出黑白极对比的反射效果，笔触方向可倾斜可垂直，注意在适当的位置留出高光亮色或用白色高光笔拉几道笔即可，如图5.41所示。

图5.40 带花纹的装饰玻璃　冯柯　　　　　　　　图5.41 镜面　冯柯

木材料也是重要的室内装修材料之一，主要用于家具、墙面、地面、门、窗框、隔扇等装饰中。木材料目前主要以板材的形式出现，板材有天然板材和人工复合板材之分，后者色彩极多，可择优选用。木材涂清漆使用时，能呈现出特殊的纹理效果，纹理一般多呈斜条形、直条形、"V"条形以及曲卷形等，有时也可点缀圆形，如图5.42所示。马克笔表现时分深浅两种木本色处理，画深色木本色时可以先铺深木色底色，再以比底色略深且稍暖调的色画上竖向或斜向灵活笔触，最后用深色细头马克笔或彩铅描出纹理或木线条上的高光、阴影效果，如图5.43所示和图5.44所示。画浅色木本色时可以先以浅木色马克笔铺"之"字形的渐变底色，这时要注意适当留白，再以深色细头马克笔画出阴影和木线条，最后用高光笔或涂改液添画上高光线条，如图5.45和图5.46所示。

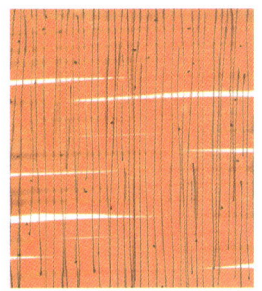 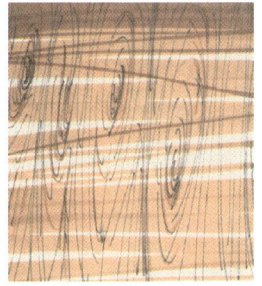  

图5.42　木材纹理的表达　　冯柯

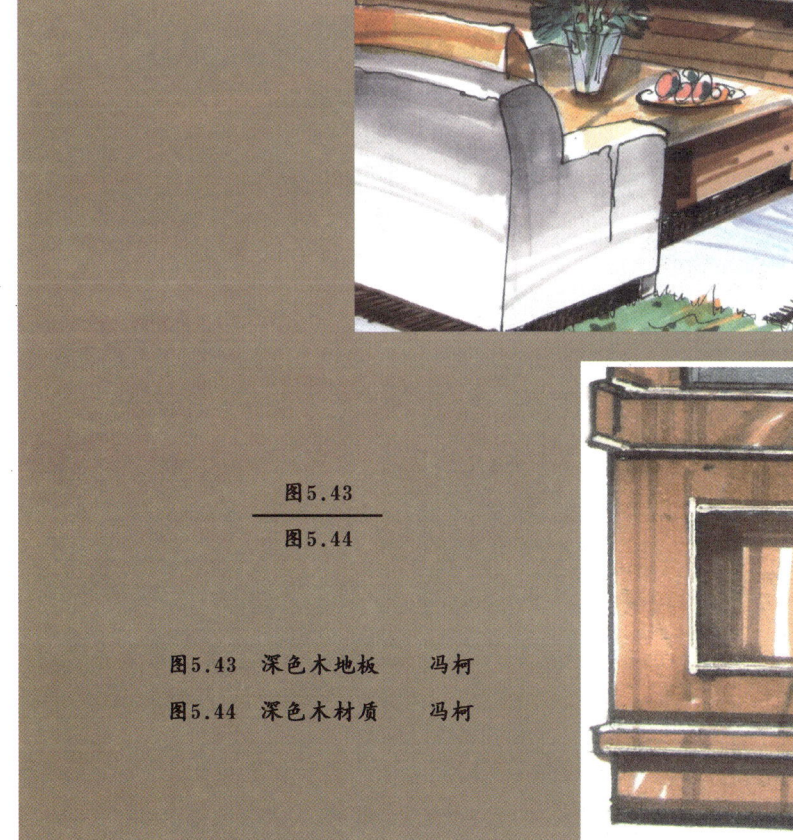

图5.43
图5.44

图5.43　深色木地板　　冯柯
图5.44　深色木材质　　冯柯

图5.45　浅色木隔扇　　张红霞
图5.46　浅色木地板　　张红霞

总之，很好的掌握室内空间中各种形体与材质的马克笔表达技巧非常重要，运用时要根据室内空间的整体关系来把握，不可一味强调局部对比关系或单体的个性表达，而造成画面过乱。形体与质感表达应做到画面主次分明、对比适度、材质与色彩和谐、造型与质感协调。

5.2.2 马克笔表现室内效果图的作图步骤

经过室内家具、单体部件及材质的表现练习后，我们进入整体表现图阶段，在这一阶段，要注意对室内色彩进行归纳总结，用马克笔营造室内的整体气氛，较好地表现室内的光影变化。接下来通过讲解步骤图进行详细说明。

步骤一：铅笔起稿

作为室内空间的设计表现，由于室内面积有限，空间有一定的错落变化。在设计构思成熟后，先用铅笔起稿，勾线稿时一定要细致严谨，先定出视觉中心，准确反映出空间的进深，同时要注意物体的透视和比例关系的准确，把每一部分造型结构都表现到位。一些房间的转折线、主要家具的结构线一定要确定，一些灯具、装饰品、植物绿化的线条可以徒手勾出，但要准确概括，如图5.47所示。

图5.47 室内客厅步骤(一)　冯柯

步骤二：勾勒墨线

在铅笔稿勾好后，用一次性针管笔勾勒墨线，勾画时要注意运线的力度，一般在起笔和收笔时的力度要大，中间力度要轻一点。大的结构线可以借助尺子等工具，小的结构线尽量直接徒手勾画，特别是沙发、沙发靠垫、地毯等，这样能显示出线条的力度与飘逸感。另外，要增加对物体明暗面和质感的刻画。此时必须耐心对待每一个细节。当墨线稿完成后，用橡皮擦净铅笔印记，保持画面干净，如图5.48所示。

图5.48 室内客厅步骤(二) 冯柯

步骤三：上基调色

在用马克笔着色前，先分析确定整个画面的光影变化和色调关系。然后由浅到深，从远到近地逐步深入刻画。方法是先根据设计方案确定好画面基调色，用大笔触区分室内几个大面的虚实关系，使画面主色调明确，着色时要选用同一色系的灰色进行叠加，但不要平涂。然后对室内的主要装修材料进行处理，处理木材时从中间色开始，颜色不要满涂，留些空白光感。最后再对每个物体的暗面加重，刻画时要通过笔触来体现质感和虚实变化，尽量不让色彩渗出物体轮廓线，如图5.49所示。

图5.49 室内客厅步骤(三) 冯柯

步骤四：细部刻画

　　这是对画面整体控制的最重要一步，对整体铺开润色，然后开始刻画主要家具和细节装饰，大笔触的块面塑造与小笔触花纹相结合，体现物体色彩与质感，刻画时注意和主色调的互补与统一。通过加强阴影、倒影效果，使画面更加鲜亮，层次分明，增加物体立体感。投影的形状和方向要和物体自身的造型及光照方向一致，如图5.50所示。

图5.50　室内客厅
步骤(四)　冯柯

步骤五：整体调整

　　进一步调整画面整体的色彩平衡度，把环境色考虑进去，加强因着色而模糊的结构线。这时可结合水溶性彩铅来协调丰富画面关系。先对地面用彩铅不均匀地涂一层，再用马克笔准确表现物体在地面上的投影。还可以用彩铅加重物体的投影面及特殊质感的刻画。最后用涂改液修改渗出轮廓线的色彩或者提亮物体的高光点和光源的发光点，使画面有较强的色彩视觉冲击力。在整个过程中，保持画面的整洁是十分必要的，如图5.51所示。

图5.51　室内客厅
步骤(五)　冯柯

5.2.3 马克笔表现室内效果图的技法作品点评

本节精选了10幅马克笔室内表现技法的优秀作品，这些作品中有许多值得借鉴和推广的地方。我们对这10幅作品的表现过程、表达方法以及独到之处进行分析和评价，以加深学习者对室内效果图马克笔表现技法的理解。希望他们在借鉴别人经验的基础上可进行自己的室内设计表现图的创作。

作品(图5.52)中首先用利落地钢笔线条表现出了室内转折面的大体明暗关系，然后用马克笔处理室内界面、家具、陈设品、绿色植物，简洁到位，效果统一。室内大面积的木地板与室内整体色调协调。画面视觉中心突出，近实远虚的进深感强烈。

该作品(图5.53)对于流动水体、静态水体、玻璃、木材、石材等质感表达准确生动，主色调的蓝色与木质的黄色对比大胆响亮，环境景观表达得主次分明，详略得当，有一定的进深感。画面透视准确，有较强的马克笔用笔基础。

图5.52 卧室　章瑾

图5.53 别墅游泳池室内效果图　庞美赋

这是一幅中式传统设计风格的餐厅设计作品(图5.54),中式木花格和家具色调统一,大面积墙界面材质的质感刻画简洁、大气、生动,体现出了马克笔用笔的节奏和韵律感。空间结构比例合理,透视正确,画面的中心部位刻画明确。较好地利用了马克笔的透明性、层次性,生动地表现了环境气氛。

图5.54 餐厅雅间　孟玉

本作品(图5.55)的马克笔笔触层次清晰、利落大方,中式家具质感表达得充分,较好地发挥了马克笔笔触的魅力,画面空间层次感处理得较好,厚重的赭石色用在木质装修上和艳丽的黄色形成画面色彩协调统一的艺术效果,烘托了客厅大雅的环境,只是对最前方两把椅子下的影子表达得略显僵硬。

图5.55 客厅　杨光

第5章 马克笔手绘表现技法

作品(图5.56)主次关系表达明确,中景的楼梯作为画面的重点刻画部分,笔触肯定利落,楼梯台阶的刻画充分显示出马克笔的叠加处理手法。色彩由浓到淡的渐变过渡,植物绿化用笔灵活生动,远景作简洁概括的刻画,近景石材拼花地面刻画细腻,使得整体色调统一。

木质餐桌椅的色彩、质地刻画逼真。整幅作品(图5.57)中的马克笔涂色大气,不拘小节,配合彩铅深入刻画不同的材质肌理。色彩上大胆使用的饱满亮丽的绿色和黄色,色调统一。室内陈设品的刻画自然而充满活力。作品刻画重点突出,钢笔线条流畅而有个性。

图5.56 别墅客厅楼梯 宋云云

图5.57 家庭餐厅 章瑾

黄灰色作为画面的主调，透视选用一点透视效果，线条统一流畅，构图大方，马克笔笔触沉稳肯定，中近景使用其对比色蓝色，整体效果对比统一。陈设品刻画得生动，色彩点缀简洁生动，作品(图5.58)进深感较强。

图5.58　大厅走廊　　张方圆

大笔触的块面塑造与小笔触的陈设绿化配合处理，体现出简洁概括又细致入微的绘画特点。具有木质感的线条和砖石材的细致刻画，使画面丰富细腻。该作品(图5.59)突出了室内各界面的装修材质质感与布置效果的表达。

图5.59　酒吧　　张红霞

第5章　马克笔手绘表现技法

画面整体色调统一，马克笔笔触落落大方，较好地利用了透视效果，增加了作品的进深感。墙面上的四个绿色陈设品活跃了画面的气氛，同时也与墙体质感作了反衬对比。餐桌桌布质感刻画细腻，坐椅刻画深入细致。马克笔表达重点突出，虚实得体。

画面整体色调统一，马克笔笔触落落大方，较好地利用了透视效果，增加了作品(图5.60)的进深感。墙面上的四个绿色陈设品活跃了画面的气氛，同时也与墙体质感作了反衬对比。餐桌桌布质感刻画细腻，坐椅刻画深入细致。马克笔表达重点突出，虚实得体。

图5.60　餐厅　　柴洋

该作品(图5.61)利用了色纸的作画技法。使用色纸可以保证画面统一的色调，在色纸上马克笔只是点到为止地加深或提亮局部，每组餐椅的隔断使用了黄色和橘黄色加重，突出重点位置，地面用简洁的笔触概括处理。作品注意拉深了空间的进深效果。

图5.61　咖啡厅　　杨光

5.3 建筑效果图的马克笔表现技法

建筑效果图是设计人员了解社会、记录生活、再现设计方案、收集资料时所必须掌握的绘画技能。一幅好的建筑马克笔效果图由很多因素构成，除线条透视的准确、画面色彩的生动外，恰到好自的马克笔用笔，更是赋予画面生气和灵魂的关键。

5.3.1 马克笔表现建筑物与配景的技法训练

使用马克笔表现建筑物时，首先用钢笔把建筑物和配景的骨线勾勒出来，勾骨线要放得开，不要拘谨，允许出现错误，因为马克笔可以帮忙盖掉一些错误，然后再用马克笔上颜色，上颜色时，最好是写生实际的颜色，有时可以略带夸张，突出主题，使画面有视觉冲击力。上颜色时，必要的地方可以重复一两遍，以达到丰富画面色彩的效果，否则重叠太多，会弄脏画面。用太艳丽的颜色点缀即可，不要用太多，不过有个性的那种可以少用，但是一定要注意会收拾，把画面统一起来。马克笔没有的颜色可以用彩色铅笔补充，也可用彩铅来缓和，弥补马克笔笔触的不足。马克笔运笔也要放得开，要敢画，否则画出来很小气，没有张力。

1. 建筑物局部入口的表现

在建筑画中，与配景相比，建筑物当是主角。但是建筑物自身也需要有重点，不能平均对待。一般情况下，入口往往被当作重点进行刻画。人的视线引导通常依靠运动物体的方向感和线的方向感来实现。如画面上的人纷纷走向入口，就易将视线引导到入口。如果把视点放在入口附近，透视线向入口集中，也容易突出入口，如图5.62所示。处于重点部位的建筑物入口要进行详细刻画，要求形象准确，搭接关系清楚，细部处理有所交代，光感强烈，阴影生动，而画面的次要部位则要求敢于舍弃一些细节，进行大胆概括。使用这种对比，画面主次分明，画面重点部位就很容易将观者的视线抓住，画面也就更生动了，如图5.63所示。

图5.62 建筑入口设计　　庞美赋

图5.63 某商场局部入口　　庞美赋

2. 建筑立面材质的表现

建筑物立面由于施工方法不同，使用材料不同，就有不同的形式和特点，要逐一表现是不可能的事情，以下大体选择几种典型的形式加以研究和分析。

(1) 清水墙体。

所谓清水墙就是指不粉刷的墙面，只用灰浆勾砖缝。清水墙有红色砖墙和青灰色砖墙两种，北方红砖多，而南方多为青灰砖，都是经常用于建筑物外墙的饰材。

清水墙体的特点：质地较粗，无光泽，表面有规则砖块划分，从而产生肌理效果。画清水砖墙时要先铺设红砖或青灰砖底色，但不可太匀，并有意保留斜射光影笔触，待干透后可在砖面上点上一些凹点，表示泥土制品的粗糙感，如图5.64和图5.65所示。

图5.64　清水砖墙(一)　　王素素

图5.65 清水砖墙(二) 刘宇

(2) 涂料墙体。

涂料墙体就是先用水泥抹墙,然后在表面施以各种涂料的墙体。这种墙体比较好画,其画法用清水墙体画法的第一遍即可,也可在表面加以肌理处理,如图5.66和图5.67所示。

图5.66 涂料墙体(一) 张成显

图5.67 涂料墙体(二) 庞美赋

(3) 面砖墙体。

陶瓷面砖是一种机械化生产的装饰材料，尺寸、色彩均比较规范，肌理都十分光滑，特点是有光泽，质感上有仿石材、大理石、花岗岩、装饰石材，以及带花纹的釉面瓷砖等。因此，表现时须注意整体色彩的单纯，墙面可用整齐的笔触画出光影及面砖的反光效果。具体画法与清水墙相似，只是在收笔之前需要用稍深的马克笔颜色画个别较深的面砖，以增加面砖的真实感，如图5.68和图5.69所示。

图5.68　面砖墙体(一)　迈克尔E·柯南道尔(美)

图5.69　面砖墙体(二)　方冰

(4) 石材墙体。

石材墙体主要有四大类，一类是块石或石片迭砌，称毛石墙；第二类是用黄石和青石砌筑，石块之间大小不等地相互间隔，称冰裂墙；第三类是使用较整齐的石条、石片、河石等天然材料，以水泥勾缝，用于建筑物的外立面装饰，称装饰石片墙；第四类是大理石、花岗岩墙体。无论哪种石材的墙体，其形式感都较强，应表现出石材的粗犷感。画毛石墙体时必须注意它的结构关系，此类墙外形较为方整，略显残缺，石质粗糙而带有凿痕，色彩分青灰、红灰、黄灰等色，石缝不必太整齐，要注意大小相间，尽量不要对称，涂色时先涂底色，颜色不要涂匀，然后用相同明度、不同冷暖关系的小色块填色，待颜色干后用深色线勾线，毛石墙的效果就跃然纸上，如图5.70~图5.72所示。

图5.70 毛石墙体(一) 庞美赋
图5.71 毛石墙体(二) 潘俊杰、陈红卫
图5.72 石材墙体(三) 王禹

第5章 马克笔手绘表现技法

(5) 玻璃墙体。

玻璃分为透明玻璃和反射玻璃两种。

在表现透明玻璃时，先画出玻璃透过去的物体形状和颜色，然后在所要表现的玻璃表面上借助于工具，垂直或是倾斜向下快速地扫笔，这样就会形成局部半透明的效果，如图5.73和图5.74所示。

图5.73　透明玻璃(一)　庞美赋

图5.74　透明玻璃(二)　王宁

反光玻璃是常用于建筑物外立面的一种材料，具有强烈的反射性，犹如一面镜子，可将其周围环境折射出来，如天空、树木、人影、车辆及周围建筑物等，在绘制过程中要注意反射环境的虚实变化，不可过分强调其折射效果，否则会造成喧宾夺主的效果，影响对主体自身的表现，如图5.75所示。

图5.75　反光玻璃　　高飞

3．配景——天空、地面的表现

建筑画配景就是指陪衬建筑物效果的环境部分，主要包括树木、花草、地面、水面、天空、人、车和其他环境设施等。

配景可以用来调整画面平衡。当画面造型不够平衡时，通过增添一些配景，可以使画面重新得到平衡。配景还能体现出特定的环境气氛，加强建筑物的真实感，烘托出建筑物的性格和时代特点。当人们很自然地把视点从配景转移到主体建筑物时，配景起到了引导视线的作用。利用配景还有助于体现空间距离，增加画面的纵深感，如图5.76所示。

图5.76　建筑配景　　张方圆

建筑表现技法

1）天空

(1) 天空的明暗和色彩。

天空的色彩和云朵姿态万千，但在表现图里，天空应具有装饰性，是为烘托建筑主体服务的。天空本身的明暗是没有变化的，但由于和人的视觉距离远近不同，就产生了相应的变化。总的规律是与人的距离越近处颜色越纯，明度越低，而离人视觉较远的天空颜色就较近于灰色，明度也偏高，如图5.77～图5.79所示。

图5.77　天空色彩的明暗变化(一)　珊农

图5.78　天空色彩的明暗变化(二)　宋季蓉

图5.79 天空色彩的明暗变化(三)　陈希

(2) 云的变化规律。

画天空必然涉及画云,而云的变化又随天空变化而千姿百态,不过从画面表现的需要,常用的大体有三种,即条云、朵云和泛云。不管画哪种云,都有个透视问题,一般来说云越近越大,相反,云越远就越小、越密,最后连成一片。至于云的色彩在建筑表现图中不必过分强调,只是画出一定的明度关系就可以了,重点还在于突出建筑物的形体。

一幅建筑表现图中天空是否一定画云,要看构图的需要,对烘托建筑物有利就画,反之不画。

① 条云。

条云一般适合于表现横幅画面的高耸的局部建筑物,它有利于在整体上与画面的水平方向取得相互统一的效果,对画面局部或高耸的部分又具有一定的对比关系。画条云越高,越要画出一定的倾斜角度,逐渐远去时斜度逐渐减小,最后到完全平直,如图5.80～图5.83所示。

图5.80 条云(一)　王禹

第 5 章　马克笔手绘表现技法

图5.81 条云(二) 吕琪

图5.82 条云(三) 高杰

图5.83 条云(四) 石田建筑景观设计公司

② 朵云

朵云就是云彩外形所呈现出的一朵一朵的块状形状。有时由于建筑物形象单纯或画面天空面积过大，为了打破画面造型的单调，常常使用这种云作衬景。朵云在画面的布局不宜过多，以免造成画面紊乱。而且它在构图上的位置、大小与距离都要搭配得当，这样才能使构图饱满而富于变化，如图5.84～图5.86所示。

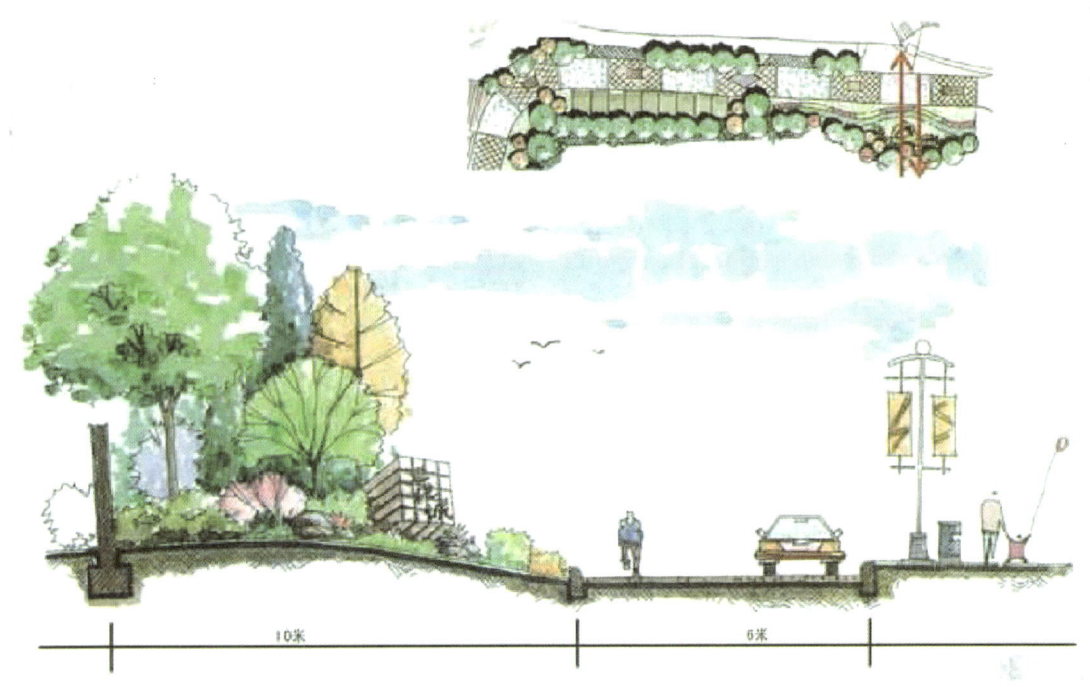

图5.84　朵云（一）　张成显

图5.85　朵云（二）　瞿惟隆

图5.86　朵云(三)　李倩怡

③ 泛云。

泛云常用于烘托建筑物造型富于变化的情况,而且多用于表现大建筑物的气势,使之有雄伟壮观之美。这种云常常是画在画面的下部,以便更好地烘托建筑形象。在构图中要注意面积的主从关系,云的面积占主导地位,切不可面积相等或是相似而失去对比效果,如图5.87和图5.88所示。

图5.87　泛云(一)　李倩怡

图5.88　泛云(二)　　夏克梁

2) 地面

地面的材料和墙面、屋顶的材料一样，都需要用手绘的方式予以区别，随着近、中、远景距离的变化，可以逐渐进行简化处理。在建筑画中，常见的地面有：柏油路面、水泥路面和铺地砖路面。

(1) 柏油路面的画法。

路面一般是近处深，远处由于反光原因比较亮，或者路中央色泽暗些，两侧略亮。地面往往因面积较大，有时用建筑物和树木等投影，投射到地面上，投到地面上的斜直线或弧形圆点的投影，美化了平淡无奇的地面形象，增添了规范化平直的街道路面气氛。

具体画法：根据画面总的色调用马克笔画出深色的近处路面，轮廓要有变化，只画主要关系，色彩变化要少，明度不宜过于悬殊，路面不宜涂满，以保持画面的生动感觉。路面上的倒影用垂直的笔触表达，形象要单纯。

在用色彩表现路面的同时，应辅以合乎透视关系的道路交通直线，与建筑物消失在同一灭点上，以增强画面的空间透视感和生动感，如图5.89～图5.91所示。

图5.89　柏油路面(一)　　陈红卫

图5.90 柏油路面(二) 庞美赋

图5.91 柏油路面(三) 翟惟隆

(2) 水泥路面的画法。

水泥路面画法与上柏油路面的画法相同,只是固有色不一样,且区别关键在于它的透视线,同时要注意灭点关系。一般方格不要太小,找线时要有连有断、有长有短,如图5.92和图5.93所示。

图5.92 水泥路面(一) 石田建筑景观设计公司

图5.93　水泥路面(二)　　张红霞

(3) 铺地砖路面的画法。

室外的铺地砖尺度和图案各异，城市的步行街道一般采用方瓷砖，套以相应的色带装饰，色调统一大方。大型建筑物的门厅前往往会用造型独特的石材地砖拼铺出小广场，以区别于其他公共设施，突出行业形象。石材地砖路面坚硬，表面光滑，色彩沉着、稳重。用马克笔表达时要注意先铺陈出路面的大体色调并注意留白，然后由近及远地点缀上些许跳跃的色块，但要注意虚实合理搭配，同时要画出路面上建筑物的倒影，最后用彩铅断续地画出石材的分隔线，如图5.94～图5.97所示。

图5.94　铺地砖路面(一)　　杨晓

图5.95　铺地砖路面(二)　　翟惟隆

第 5 章　马克笔手绘表现技法

图5.96 铺地砖路面(三)
迈克尔E.柯南道尔(美)

图5.97 铺地砖路面(四)
陈伟

4. 配景——人物及车辆的表现

(1) 人物。

人物表现在于造型富于动态，衣服的用色及光线表现十分重要，但脸部一般不画(除近景人物)，以免失真。近年来，画人物流行只画人物框线，完全或部分留白，以降低画面的复杂性。

建筑画中出现人物，可以显示建筑物的尺度，如果想判断图面上建筑物的大小，就需要有参照物，人是最好的参照物。人的身高通常为1.6～1.9米，通过与人身高的比较就会感觉到建筑物的实际大小,甚至显示其宏伟的气派。建筑画中通过人物的动态表达,还可使重点更加突出,并增加画面的气氛和生活气息。

画人物的时候,最重要的是注意人物在建筑物的不同空间位置的远近透视关系,否则画面上的人物会产生一种陷于地下或被吊在半空的感觉,这对初学者来说是最容易出现的问题。当视平线定在人的头部高度上时,画面中所有人物高度均应放在视平线以下,人的透视关系靠头以下的身长短来表示,如图5.98(a)所示;当视平线高于人的高度时,其规律是人越近头越低,而人越远头越高,如图5.98(c)所示;当视平线低于人的高度时,人越远头越低,而人越近头越高,如图5.98(b)所示。

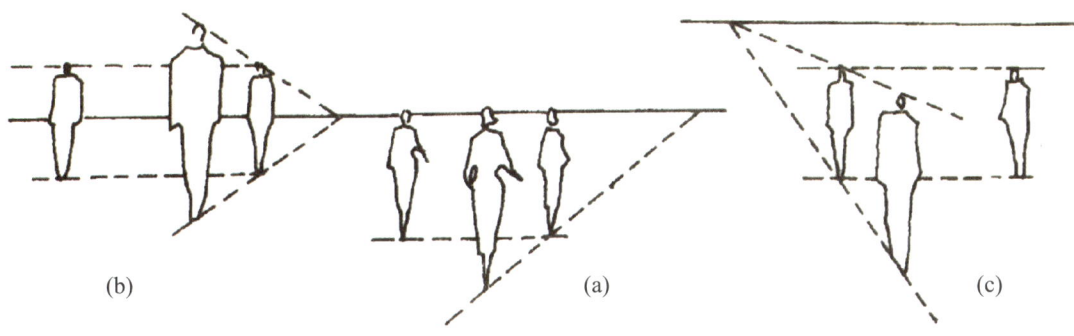

图5.98 视平线与人的透视关系

描绘人物要注意人体各部分的比例关系,人物的性别决定着人物的体型:男子肩部较宽,宽于胯部,而女子肩窄,胯部较宽,抓住这一点,性别便区别开了,但不要太细致,如图5.99和图5.100所示。一般情况下,人物尽量画小些,不要影响建筑物的造型表现,在建筑画中多是侧面和背面,画时要注意人物的动态。一般画走路时人的腿要一长一短;表示迈腿时的透视变化,人物可稍稍倾斜,自然生动,用色可适当鲜艳,特别是在建筑物的入口处,人物衣着可以采用对比色关系,如图5.101和图5.102所示。

图5.99 近景人物(一) 潘俊杰　　　　　图5.100 近景人物(二) 庞美赋

视平线

图5.101　中远景人物　冯柯

图5.102　远景人物　庞美赋

(2) 车辆。

静止的建筑物添加上车辆能让画面更具尺度感、生活感和现实感。在色彩搭配方面，造型新颖、色彩华丽的大小客车、轿车，能给画面制造一个色彩中心，与建筑物形成色彩上的呼应。

画汽车要把握形体透视，比例要画得正确。先画汽车本身的扁长矩形，接下来画顶部的车棚，然后画车轮和阴影以及车灯和玻璃，尽量把形体画得简化些，最后一定要画出汽车的阴影，以彰显汽车的重量感，如图5.103所示。画车子的困难在于角度的变化以及行进感，所以一定要注意比例和透视方向。汽车画的详细程度要与画面的复杂程度相匹配；汽车的颜色要与画面其他颜色形成互补映衬，比如红色的车对绿色的风景，黄色的车映衬蓝色的天空，如图5.104所示。

图5.103　汽车（一）　陈红卫

根据建筑画表达的内容，应选择相匹配的汽车，豪华汽车能使画面显得很气派；有动感效果的跑车，能使画面增添生气和灵动。车子在建筑物画面上居于点景位置，在画面中要让马路上有来往的汽车，而不是只有单向的汽车，如果有可能最好画出正在拐弯的汽车，记住要在车中画出驾驶人员，如图5.105所示。

图5.104　汽车（二）　陈红卫

图5.105　汽车（三）　迈克尔E.柯南道尔（美）

总之，建筑表现图不同于绘画创作，它的主要任务不是表现风景、人物或故事情节，而是表现建筑物本身。所以配景毕竟是陪衬，不能喧宾夺主，要把配景作适当的概括，更好地为主体物服务。

5.3.2　马克笔表现建筑效果图的作图步骤

马克笔的作画步骤通常有铅笔起稿、勾勒墨线、上基调色、深入刻画、整体调整五步。

要想画出一幅成功的表现图，首先就是纸张、马克笔等绘图工具的准备必不可少。其次，要在草图阶段解决两个问题——构图和色调。构图需要注意的有透视，确定主体，形成趣味中心，各物体之间的比例关系，还有配景和主体的比重等；色调重点在于整体色彩的搭配，通过色彩表现空间和质感等。

下面分五个步骤显示马克笔建筑画从正稿起形到调整的一系列表现过程。

步骤一：铅笔起稿

在建筑设计构思成熟后，先用铅笔起稿，勾线稿前一定要先选择能较好地表达建筑效果的透视图类型，定出视觉中心和视平线高低，准确反映出建筑空间的进深，同时要注意建筑物和配景的透视和比例关系的准确。一些远、中、近景的人物、车辆、植物绿化等的线条可以徒手勾出，但要准确概括，如图5.106所示。

图5.106　建筑外观效果图步骤(一)　　庞美赋

步骤二：勾勒墨线

在铅笔稿勾好后，用一次性针管笔勾勒墨线，画出建筑空间的线框。通常从建筑主体入手，用笔尽量流畅，切忌反反复复地描摹线条。然后依次画前景的人物和树、远景等，注意画时的顺序，这样可以避免不同的物体轮廓线交叉。在画好轮廓的基础上要确定一个光源的方向，然后画出正确的光影关系(素描关系)，用以加强整体空间感。这一步对表现建筑主体的空间关系特别重要，如图5.107所示。

图5.107　建筑外观效果图步骤(二)　　庞美赋

步骤三：上基调色

在勾好墨线稿的基础上，开始大面积地着第一遍色。先用红、蓝彩色铅笔大致地交代一下建筑的局部结构关系，以及建筑立面上玻璃的所在位置，用马克笔或彩铅淡淡画出明暗调子，并规划好图面中各部分上色的先后顺序和重点着色部位，控制好画面色彩的统一性。接下来要进行简单的色彩空间处理，用马克笔上灰面和暗部，进一步交代空间关系。这时一般先上浅色和中间色，再上深色，用色不要过多，防止画面脏污。对远中近景中的配景，如树木、草地等进行大致的描绘，远景较冷，偏蓝绿；前景较暖，偏黄绿。树木和草地的基本色上完后，画面的气氛就初步形成了。这一步对表现建筑物主体的深度空间关系特别重要，如图5.108所示。

图5.108　建筑外观效果图步骤(三)　　庞美赋

步骤四：深入刻画

从这一步开始深入刻画。浅浅的一层颜色并不能表现出物体光影、明暗、材质的变化，这就需要反复地叠加来达到更佳的效果。通常有意识地把前面的部分画亮丽一点，后面的部分画暗些，明暗互为衬托，并用重色刻画暗部和阴影，几次重叠以后，预想的效果基本就能达到了。需要注意的是，很多颜色忌重叠，如果补色，很容易画脏画乱，不好修改。这时要把刻画的中心放在建筑物的入口处，作重点刻画，其他应有目的地作虚实和概括处理，但时刻要注意保持画面的整体感。深入刻画过程中重要的是处理好几个关系，即明暗关系、冷暖关系、虚实关系，这些才是主宰画面的灵魂。同时还要强化对比、突出光影关系，运笔时，一定要强调笔触的流畅性和生动性，如图5.109所示。

步骤五：整体调整

调整阶段主要对画面一些重点作局部修改，统一主色调，补全配景，增加画面的层次和空间感。而这一阶段的重点是对各类物体的质感进行深入刻画。作为对马克笔的补充，这一步需要彩铅的介入。最后再次调整画面明暗、色彩关系，烘托出建筑物独特的气氛，如图5.110所示。

图5.109　建筑外观效果图步骤(四)　　庞美赋

图5.110　建筑外观效果图步骤(五)　　庞美赋

5.3.3　建筑效果图的马克笔表现技法作品点评

此作品(图5.111)笔触严谨工整，色彩搭配得当，明暗对比强烈，建筑物立体感和厚重感突出。建筑前方草坪通过自然流畅的弧线用笔，表现出草坪的坡度。画面左右两边的树木起到画龙点睛的作用。

图5.112的建筑物造型新颖别致，建筑物材质的刻画准确到位，尤其是对玻璃的描绘，充分考虑了环境色的影响，把天空的蓝色也画在玻璃幕墙中，画面整体感较强。远处建筑物的虚实效果处理得当，使画面空间层次分明。

图5.111 校园教学楼　　王记成

图5.112 建筑外观效果图　　庞美赋

第 5 章　马克笔手绘表现技法

作品(图5.113)的画面以局部表现为主,对建筑物的构造和透视掌握较好,画面主次分明,配景处理色彩对比强烈,与建筑物形成了鲜明的反差。

图5.113 住宅建筑物局部入口　　李鹏

不足之处：对线的掌控较差，线条表现不流畅。

作品(图5.114)的整体透视效果正确，能从较好的视角表达主体建筑物的造型，建筑物结构层次处理得较好，马克笔笔触效果应用大胆。在主入口处，马克笔很好地表达了大面积的幕墙玻璃效果，较好地突出了建筑物主入口。在作品中对色彩的整体搭配掌握得较好，只是前景树木的受光部分留白较多，略显失真，否则效果将会表现得更好。

图5.114 校园建筑物(一)　　高飞

作品(图5.115)的整体用笔大气,较真实地表达了建筑物的环境气氛,画面色彩响亮,环境配景表达到位,主次分明。画中对大面积幕墙玻璃的处理比较有想法,虚实表现自由、恰到好处。

不足之处：画面中主体建筑物立面材质表达不够细致,有些笼统,主入口的表达略显平淡。

图5.115　校园建筑物(二)　　高飞

作品(图5.116)在使用马克笔方面较为成熟大气,主入口受光和阴影的色彩表达真实自然。画面空间立体感较强,色彩搭配和谐。画面在后期调整中略显浮躁,台阶细部刻画得不够仔细以及植物色彩过于程式化,缺少了远近虚实的变化处理。

图5.116　校园图书馆　　卞成松

第5章　马克笔手绘表现技法

111

整个建筑物色调以外研红和灰色为主，颜色沉稳大方，并且注重形体界面的分割与联系(图5.117)。墙体玻璃质感刻画得虚实祥略得当，近景树的安排使画面层次分明。主体物与配景相互掩映，虚实有度。作品中天空、地面、人物、植物处理得和谐舒适。

图5.117　校园教学楼(一)　高飞

画面(图5.118)表现体块感好，整体感强，建筑物突出，质感表现较好，无论是整体把握还是细部刻画都有独到之处。美中不足的是建筑物透视不十分准确，配景表现力较弱。

图5.118　校园教学楼(二)　高飞

画面(图5.119)的表现视角独特,很有个性,充分体现了马克笔与钢笔线条的完美结合。对留白的掌握较好,能在图面中表现出虚实关系,建筑空间感和层次强。天空、水面倒影、植物配景恰到好处,增添了画面应有的氛围。

这幅作品(图5.120)的色彩丰富,色调和谐统一,对马克笔用色技法掌握娴熟。建筑物立面材质刻画得较为细致真实,建筑物配景的描绘也较为合理,尤其是人物和汽车的配置,不仅对画面起导向作用,而且烘托了画面氛围,使整个作品更有生活气息。

图5.119 校园建筑局部物　靳满

图5.120 建筑物外观效果图　庞美赋

5.4 景观园林效果图的马克笔表现技法

景观园林效果图的表现技法有很多，如水粉、水彩、钢笔淡彩、马克笔、喷绘和色粉等。在这些表现技法中，设计人员及设计类学校的学生越来越青睐于马克笔表现技法，因为其具有随意性、概念性、趣味性和快速高效的特点，比其他表现技法更自由、灵活，更加能体现一个设计者的艺术修养和美术功底。

在实际绘画练习过程中，需由浅入深，由简到繁，循序渐进，所以可先从景观小品入手，然后再进入整体表现景观园林效果图阶段。

5.4.1 马克笔表现景观小品的技法训练

在手绘景观效果图中，景观小品具有较强的造型艺术性和视觉欣赏性，在景观中发挥重要的艺术造景功能，是营造画面氛围的主要组成部分。

景观中的小品具有种类繁多，体量小巧，造型多样，颜色丰富的特点，所以在表现整体景观效果图前需对各类景观小品进行专题练习，这有助于掌握其造型特点、颜色搭配及马克笔表现的基本绘画技法。

1. 植物绿化的表现

1) 近景树的表现

近景树在景观中出现较多，处于画面最前面的位置，可增加画面进深感和空间感，所以描绘这一部分的树木要详细和生动。

在具体描绘近景树时，先用针管笔、彩铅或马克笔勾画树干和树枝的形，树干与树枝要有不同程度的弯曲，并且要符合树木的生长规律。用马克笔上色前先在大脑中设计好树冠的形状，根据每组树冠的不同造型变化方向，合理地组合笔触，笔触在长短、粗细、虚实方面要富于变化，同时还要注意留出树冠的通透处，使其生动、灵活，具有透气感。画完之后，沿树冠外轮廓用宽笔头侧面画上一些小笔触来表现树冠外围的树叶，进一步加强树冠的形体。

除此之外，近景树颜色对比要明显，如图5.121所示，树冠上方因受太阳光照射，用色稍浅，下方色偏重，可直接使用绿色系中最深的颜色或灰色马克笔覆盖。同时树冠颜色应丰富些，可用绿色为主其他多种色系配合来表现，这样可使近景树更具有立体形象。另外，树干与树枝的肌理和明暗关系也要用马克笔表现出来，运笔上色时要顺应树干的走势，通常和树木的生长方向一致，并且近景树的投影也不可缺少，因为其在画面中不仅可以起到平衡构图的作用，而且还能反映地面的状况。

2) 中景树的表现

中景树在画面中以体现形体姿态为主，不必过多强调树的立体感。在表现时，同近景树一样，先用针管笔、彩铅或马克笔勾勒树干和树枝，注意疏密变化、删繁就简。同时，为了拉开与画面近景树的空间关系，中景树可用马克笔中较稳的颜色，减少使用纯度太高的绿色和黄色。当中景树树叶较茂盛繁多时，需注意树冠层次转折以及它的色彩深浅和色相变化，如图5.122所示。

图5.121 近景树 靳满

图5.122 中景树 王记成

第5章 马克笔手绘表现技法

3)远景树的表现

远景树处于画面的最后端或建筑物的后方,往往成排表现,不作过多明暗体积变化,处理时可稍平面化。在具体描绘时,笔触不必追求过多的变化,以成片的形式表现;并且方向性可以保持一致,如竖向、横向和斜向运笔,这样简洁而快速,同时还需注意外轮廓有高低起伏之分。上色时要减少层次变化、明暗的对比,有时可用一种颜色重叠表现远树的渐变关系,这样可使远景树淡化在画面中,更有效地形成空间感。在绘画中常说"远树无枝",所以在建筑画中远树的树枝可以略画,需注意用笔顿挫、断续的变化,如图5.123所示。

图5.123 远景树 新满

4)鸟瞰树的表现

在鸟瞰图中,树木的用色和用笔方法可与远景树的表现一样。描绘时需注意树木的比例,一般情况下树干因透视变化比平视时要短,有时甚至可以忽略树干,只画树冠。同时需注意树木投影的位置,其与树冠距离较近,如果抓住这些特征,就能生动地表现出鸟瞰图中的树木,如图5.124所示。

5)草坪的表现

草坪是景观中构成绿色意境的重要组成部分。画草坪时需注意笔触的概括,切忌一根根地描绘。具体描绘时可用深浅不同的两种颜色随着地形的变化直接排色,平铺之后可用马克笔细笔头或粗笔头的侧面在草坪上零星点画一组组小草,分布要自然、随意,这样可使草坪的效果更加逼真,如图5.125所示。

图5.124 鸟瞰树 庞美赋

图5.125 草坪 王记成

6) 坡地的表现

景观中坡地用笔可稍灵活，具体描绘时以倾斜的弧线表示坡地的造型，并结合彩铅表现草坪颜色的渐变，即先用水溶性彩铅平铺草地，颜色要有深浅虚实变化，过渡自然柔和，然后再用马克笔根据坡地的高低起伏不均匀平铺，自然表现出坡地受光和阴影的部分。彩铅与马克笔的结合使用，弥补了马克笔不易衔接的缺点，如图5.126所示。

图5.126 坡地 沙沛 种付彬

第5章 马克笔手绘表现技法

7) 花圃花卉的表现

在园林景观中花圃花卉常与树木相映衬，也是效果图表现的重要配景之一。

刻画花圃时，应从整体效果着手表现色彩的明暗变化，用成片成段的形式表现，无需单棵上色，花圃的颜色不能过于艳丽，要与整体色调相统一，用笔要随意、灵活，如图5.127所示。

图5.127　花圃　靳满

描绘花卉时，应仔细分析各种花卉品种的姿态特点和形状特征，起形时需处理好花朵和叶片的前后遮挡关系。对花朵和枝叶铺色时，可以用以点带面的形式，但要有颜色深浅的差别，使其具有立体灵动感，如图5.128所示。

图5.128　花卉　章瑾

8) 常见植物的表现

(1) 棕榈植物。

棕榈植物在景观表现中也是常见的植物之一。画棕榈植物时需注意的是树叶的表现，起形时需刻画清楚每组树叶的外形以及前后遮挡关系。上色时笔触要流畅、肯定，随树叶的生长方向运笔。先铺浅色，然后在背光处用深色加重。树干的纹理也要细致刻画，并且树干上方因有树冠的投影用色应稍深些，如图5.129所示。

图5.129　棕榈树　　王记成

(2) 灌木。

灌木在景观中是以成排或组的形式出现的，表现时要注意灌木透视，要结合周围的道路或建筑一起表现。成排灌木从形体上分为水平面和垂直面，一般情况下水平面为受光面，用浅色的马克笔去表现，笔触需短且稍圆，可生动表现灌木的形态；垂直面一般背光并且有矮小的树枝，所以颜色较深，可先用针管笔或马克笔画出树枝的走向，然后用深色马克笔上色，进而表现灌木暗部，如图5.130所示。

图5.130　灌木　　王记成

第5章　马克笔手绘表现技法

2. 山石水体的表现

山石在景观中常置放在绿地上或河岸边，用来加强画面空间的山林情趣。

马克笔笔触明显，能较好地表现出石头棱角的顿挫和转折。描绘时先用流畅、自然的钢笔线条勾画石头形体及纹理、裂缝，同时要考虑石头形状的大小以及在画面中分布的聚散。石头的颜色以灰色系为主，需注意近实远虚，主次分明。画时常用马克笔地宽面运笔，但笔触还要赋予变化，注重点、线与面的相结合。有时为了更好地表现石头粗糙的肌理，石头暗部还可采用马克笔与彩铅相结合技法表现，如图5.131所示。

水带有灵性，在景观中是不可缺少的元素，能为画面增添意境。水分为动态和静态。

图5.131 山石 靳满

图5.132 流动水 庞美赋

动态水中最为常见的有瀑布和喷泉。描绘瀑布时，可先用针管笔勾画少许水的动势，然后直接用蓝色系马克笔跟随水的流向上色。运笔时要快速、准确及深浅变化，注意不能在画面上来回蹭、磨，画完后可在水体的周围用蓝色马克笔添加飞溅的水花或用高光笔提亮局部受光部分，如图5.132所示。

喷泉的画法与瀑布相同，先用针管笔画出喷泉的方向，线条要流畅、自然，然后用蓝色马克笔铺色，一般情况下，喷泉下方色可用深色，上方因受光照颜色略浅，还可用漆光笔进行提亮。有时，可用小笔触在瀑布周围画少许飞溅的水花，以增添其真实的效果，如图5.133所示。

图5.133 喷泉 沙沛

静态水常见于湖面和河面的表现中。画时可用蓝色马克笔大笔触排笔，要注意近深远浅和适当的留白，并且趁颜色未干时把岸边景物的倒影添加上去，倒影的笔触尽量和画水面的笔触保持一致。但要注意倒影的形体模糊，边缘虚化，颜色比水面颜色深一个色阶。如果想表现微风下的水面可用深色马克笔或彩铅示意性地表示一些微波或用漆光笔表现水面高光。画时还需注意水面和景物相接触的地方可适当重些，同时要把周围景物的环境色考虑进去，使其更加栩栩如生，如图5.134所示。如果水面面积较大，可结合彩铅表现水面颜色的渐变。

图5.134 静态水 庞美赋

3．广场道路的表现

广场道路的材质有很多，如石材、青红砖、卵石、石板等，画时要先了解材料的形态、色泽和质感，注意颜色的搭配与选择，纹理的形式和形状，并且还需注意地面本身的透视变化及光影、虚实的处理。

　　石材在广场中出现较多,当面积较大时,无需仔细刻画其纹理,只需把每块石材的形状根据地面透视勾画清楚,线条需有粗细、虚实和断续的变化。石材颜色纯度不宜太高,较多使用中性色,无需满铺,适当留有空白,使其有受光照后反光的真实感。因为石材质感光滑,更易受环境色的影响,所以可把周围景物的倒影画出,具体表现时用与画石材颜色同一色系并且稍重的颜色竖向运笔,进而烘托石材质,如图5.135所示。

图5.135　石材地面　　陈伟

　　青红砖质地粗糙,无光泽,表面有规则砖块划分。具体表现时,先用针管笔勾画砖缝轮廓,砖缝无需全部画出,只在近处表现一部分即可,远处略画。起完形后整体铺色,遵循近深远浅的上色原则,有时为了加强对比可对个别砖缝或砖进行加深和提亮,如图5.136和图5.137所示。

图5.136　青红砖地面(一)　　陈伟

图5.137 青红砖地面(二) 夏克梁

　　石板与青红砖相比，形状不规则，有大小高低的差别，画时要用方正、顿挫的线条表现形体，突出石板坚硬的材质。然后用马克笔灰色系颜色铺色，整体上色时横向运笔，然后用深色加重近处石板颜色，使其明暗对比强烈，远处颜色不宜过多，反差较小，这样可使石板路面更具有延伸感，如图5.138所示。

**图5.138 石板路
夏克梁**

卵石在景观道路中面积一般不大，起点缀作用。画卵石首先注意其有大小方圆的不同，起形时对卵石排列组合的用笔要有疏密高低的区别，切忌千篇一律，上色时可用马克笔结合彩铅表现其材质效果，如图5.139所示。

图5.139　卵石地面　　陈伟

4．其他小品的表现

在景观效果图中，其他常见的小品内容包含很多，有景观小型建筑和灯具、坐椅、花坛、果皮箱、小型雕塑等。

画小型建筑最为重要的是形体轮廓生动、空间透视准确。上色时要结合周围景物上色，纯度不易太高。尤其要注意表现出小型建筑的各种材料质感，如石材、木材、板材和不锈钢等，具体描绘时可结合彩铅，使其更加生动逼真。上色要根据建筑物受光情况铺色，受光部大胆留白或提亮，暗部颜色加重，使其更具厚重感和立体感，如图5.140所示。

图5.140　建筑物　　沙沛

灯具造型种类较多，表现时要把各种样式的造型刻画细致到位，并使其透视与路面透视变化保持一致。上色时按照灯具形体转折铺设大笔触，笔触需灵活自如。颜色要与周围环境色调保持一致，如图5.141所示。

图5.141 灯具 陈伟

坐椅、花坛要结合画面需要安排在合理的位置，形体透视准确且颜色不宜过多，一般在物体暗部用复合色少许画上几笔即可，用来突出物体的体积感和质感，如图5.142和图5.143所示。

图5.142 花坛 张汉平

图5.143 坐椅 靳满

雕塑在广场中起标志、点缀和装饰的作用。在景观效果图中所占面积不大,刻画时要注意其立体感、造型和不同材质的表现,其颜色需与周围环境色调保持一致,如图5.144所示。

图5.144 雕塑 陈伟

5.4.2 景观园林效果图的马克笔表现技法作图步骤

通过对景观中各个小品进行练习后,即可进行景观整体效果图表现阶段。因为景观整体表现图包含的内容丰富、繁多和复杂,所以在表现景观效果图时要按照作画步骤进行表现。

步骤一:铅笔起稿

在设计构思完成后,先用铅笔按照设计的内容勾画形体轮廓,需注意物体的形体透视要准确,结构转折部位要刻画清楚,各个物体之间的比例关系要协调一致,画面的前后空间层次要清晰明朗,如图5.145所示。

图5.145 小区景观设计步骤(一)   靳满

步骤二:勾勒墨线

铅笔稿确定后,再用一次性针管笔按照从外向内、从前往后的顺序勾画一遍。在勾勒墨线的过程中,线条需流畅肯定,有必要的地方可使用直尺、曲线尺等辅助工具。勾勒墨线除确定形体外,还可利用线条的深浅、粗细、虚实进一步加强画面空间关系;利用线条的组织、疏密和穿插来表现一些景观小品的材料质感和光影变化。当墨线确定好轮廓后,用橡皮擦掉画面的铅笔线条,使画面始终保持整洁、干净。线稿是绘画整体效果图的重要前提和基础,绘画过程中要以严谨认真的态度对待每一个环节和细节,如图5.146所示。

步骤三:上基调色

确定墨稿后即可用马克笔对画面进行上色。对景观效果图上色没有固定的模式,上色方法较多。一般情况下,因为景观效果图颜色众多且丰富,上色时需先考虑画面整体色调,即从整体色调表现。马克笔上色的规律是由浅到深,所以用大笔触对整个画面从前往后先铺上第一层颜色,使画面主色调明确。这样有助于对整体画面颜色的把握,如图5.147所示。

图5.146 小区景观设计步骤(二)　靳满

图5.147 小区景观设计步骤(三)　靳满

步骤四：深入刻画

确定画面基本色调后，利用灵活多变的笔触对主要景物进行细致的刻画和塑造，尤其是对近景木质观景平台和中景石材凉亭的肌理表现，更要细致入微，以此增添生动逼真的画面效果，同时在整体色调统一的基础上还需注重小细节的对比，这样画面的色彩才既协调又生动丰富，如图5.148所示。

图5.148　小区景观设计步骤(四)　靳满

步骤五：整体调整

画面基本完成后，可进一步加强景物的阴影和倒影，并用漆光笔提亮物体的高光点，使画面深浅对比更加明显，以增强物体的立体感和画面空间感。同时对画面细节进行修正和添加，必要时可用针管笔对因着色而模糊的结构线进行强调，如图5.149所示。

图5.149　小区景观设计步骤(五)　靳满

5.4.3 景观园林效果图的马克笔表现技法作品点评

本节精选了用马克笔表现景观园林效果图的10幅优秀作品,这些作品有许多地方值得参考和借鉴,在对这10幅作品进行整体点评的过程中,要取其精彩之处,结合自己的绘画特点尽可能地用于以后设计的景观园林效果图中。

此作品(图5.150)用笔方法娴熟,笔触干净利索,利用马克笔叠加处理手法的效果充分表现了木质小桥的特征和材质。整个画面色彩清新艳丽,给人赏心悦目之感。尤其是画面近景植物的灵活刻画和色彩的搭配,充分表现出花卉的姿态,使其栩栩如生。

图5.150　小桥　章瑾

此作品(图5.151)空间层次分明,前后景详略安排得当,色彩上大胆使用饱满亮丽的绿色和黄色,色调协调统一。笔触灵活肯定,运用点、线、面的结合使画面效果更加丰富和生动。

图5.151　郊外　王记成

此作品(图5.152)以绿色调为主,但局部运用红色点缀画面,使画面色彩既有对比又有统一。空间处理虚实得当,笔触豪放流畅。尤其是前景树木运用留白的方法,使画面更富有趣味性。

此作品(图5.153)运用利落的笔触和丰富的颜色将画面繁多的景物刻画得清楚分明。棕榈树与画面远景处的房屋高低错落有致,构图合理协调。各种树木的特征描绘得生动逼真。

	图5.152
图5.153	

图5.152　古亭　　王记成
图5.153　公园一角　　张方圆

第5章　马克笔手绘表现技法

此作品(图5.154)运用马克笔灰色系颜色的搭配和笔触的灵活运用，充分表现出建筑物的砖墙材质。左下角花卉的布局，使构图大方独特。路面笔触跟随路面的消失趋势变化运笔方向，进一步加强其延伸感。

图5.154　中心广场　张红霞

此作品(图5.155)颜色淡雅清新，以草绿色为主色调，给人生机勃勃的画面氛围。在表现近景树时，大胆运用点的组合和排列，手法新颖独特。小型建筑物造型别致，赋予装饰性，进一步充实了画面。

图5.155　绿城花园　张红霞

此作品(图5.156)构图生动，空间层次感较强，笔触灵活自如，尤其对树木的刻画详细到位。画面整体生动概括，水景大胆留白，充分利用白纸的颜色，体现出了马克笔以少胜多的特点。

图5.156　锦绣家园　　张红霞

此作品(图5.157)中马克笔笔触简洁大方，建筑物玻璃的描绘生动逼真，画面近景大胆留白，充分体现出马克笔画法"此处无声胜有声"的境界。整个画面颜色明快，层次分明，具有较突出的视觉效果。

图5.157　酒店休闲区　　庞美赋

此作品(图5.158)以花架为主体物,其他配景较少,但画面颜色丰富,色彩搭配协调。用笔自然娴熟,对马克笔笔触宽窄的把握准确到位,对木材和石材的肌理刻画生动逼真。

图5.158　走廊　章瑾

此作品(图5.159)的画面构图完整充实,形体透视准确。用马克笔和彩铅相结合较形象地表现出各种材质的特征。尤其是对配景树木的描绘,笔触肯定大胆,落落大方。画面色调统一且丰富。

图5.159　户外餐厅　庞美赋

5.5 快题设计的马克笔表现技法

快题设计是建筑学专业、景观设计专业和室内设计专业进行课程训练、考试选拔的常用手段。而马克笔具有上色快、颜色丰富的优势，可以在短时间内达到预想的图面效果，因此广受专业人士的认可与喜爱。

近年来，马克笔表现在快题设计中逐渐成为比较常用的表现手法，掌握好马克笔的快题设计表现技法，有助于锻炼自己的设计能力，提高自己的表现水平，为日后的专业发展奠定基础。

本节主要剖析了快题设计中需要注意的事项和要点，以理清快题设计的思路及脉络，并例析了马克笔快题设计的步骤，对一些快题表现进行了点评，以期对相关专业的学生提供一定的参考与帮助。

5.5.1 马克笔表现快题设计的技法训练

快题设计是指在规定的较短时间内，将设计构思相对完整地表现在图纸上的设计方式。

快题设计在设计时间、设计规模、图纸深度、设计构思等方面与平时的课程设计有着较大的不同。课程设计的特点是用时较长、规模较大、图纸内容详细全面，设计过程中有老师辅导并且可以查阅相关资料；快题设计的特点是用时较短、规模适中、图纸内容较为完整、独立构思完成设计。

快题设计表现可大致分为以下三部分。

(1) 方案构思。

在对题目认真解读与分析的基础上，展开方案的构思，理出一个清晰的设计思路，画出构思草图。

这部分内容约占快题设计1/5的时间。

(2) 墨线绘制。

墨线绘制的内容包括平面、立面、剖面、效果图、分析图的绘制及标题、说明的书写等。

绘图时宜采用尺规和手绘相结合的方法，在绘制墙线、投影线等长线时，用直尺辅助，速度较快；在绘制家具、配景等短线、曲线时，采用手绘，效率较高。

字体的书写应工整有序，标题和图名需画格起稿，标注与说明需作平行线以统一字高。设计说明宜分为几个段落书写，且条理清晰。

这部分内容约占快题设计3/5的时间，是后期表现的基础，也是整个设计的关键。

(3) 色彩铺陈。

色彩铺陈的内容包括材质、配景、阴影等的上色，以及字体与构图色块的填色等。

色彩铺陈可以表达对象固有的色彩，如材质、树木、天空的着色；可以明确相邻图形的界限，如在建筑平面绘制中，可以通过对环境(铺地、绿化、水体等)的着色衬托出建筑的平面；还可以塑造立体感，如表达出平面、立面和效果图的光影关系、明暗关系、虚实关系等。

这部分内容约占快题设计1/5的时间，所占时间虽短，却左右着图面最终的表现效果。

快题设计应满足题目的各项要求，并符合相关规范。整个图面的构图要规整、均衡、饱满，图面的深度、色调要统一。如果图面较空，时间又充裕，可以画一些小的分析图丰富图面效果，如功能分析图、道路分析图、景观分析图等。

1. 室内快题设计的表现

室内快题设计是针对确定功能的室内空间进行合理的空间组织、功能布局、界面处理及陈设布置，寻找形式语言、设计符号以及文化理念并整合，将立意构思表达于图纸之上，如图5.160所示。

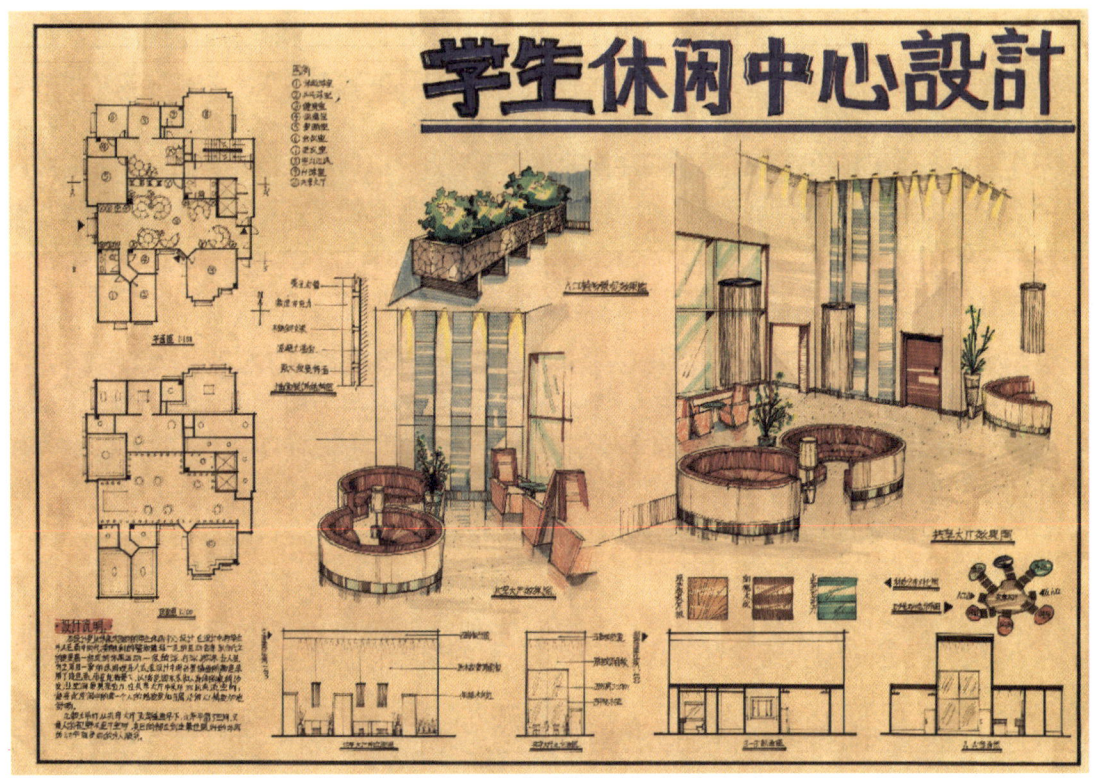

图5.160　学生休闲中心设计　　白明伟

1) 平面图

合理组织室内空间。根据室内空间的使用性质，通过隔断、家具、陈设、界面的装饰等手法组织、丰富室内空间。

合理确定交通流线。室内空间的交通流线可分为单向、双向和多向几种。单向流线一般在居住或工作空间中采用，双向流线一般在需要双向交流的商业或公共接待空间中采用，多向流线则用于各类大型的公共空间。

(1) 房间平面图，平面图中应表达出房间的分隔与组合、门窗位置、家具陈设、室内台阶、地坪标高等。

(2) 顶棚平面图，顶棚图中应表达出顶面的形式、装饰(浮雕、灯池、吊顶等)、灯具布置、标高等。

2) 剖立面图

剖立面图表达的主要内容有家具陈设、装饰材料的选用、尺寸标高等。

3) 效果图

(1) 一点透视，表现相对稳重，但画面局限性较大。

(2) 两点透视，容易变形，但可使画面更为生动，视觉效果较好。

(3) 平角透视，在构图上比一点透视更为活泼，画面结构上更显丰富，比两点透视更容易把握。

室内快题设计的表现需要根据任务书的要求，对空间进行合理的分隔和布局，在满足规定的使用要求下，融入作者的设计理念和构思，凸显室内的风格特色。应该把空间作为一个整体考虑，而不应单纯地把立面、平面和顶面分开进行设计。

在色彩的技法表达上，大面积颜色不宜过纯，宜以灰色调为主。平面图的颜色不要填得过满，要留有空隙。透视图的光线表达也十分重要，这是烘托室内气氛的一种重要手段。反光和高光的控制宜适当留白或见些笔触。室内阴影及暗面的处理上，要注意颜色叠加不宜过多，色相的选择要考虑清楚冷暖关系及明度关系。

2．建筑快题设计的表现

建筑快题设计是对具备一定功能内容的建筑物及其场所环境的设计，以建筑物内、外空间的处理和建筑形态的艺术表达为主要内容，如图5.161所示。

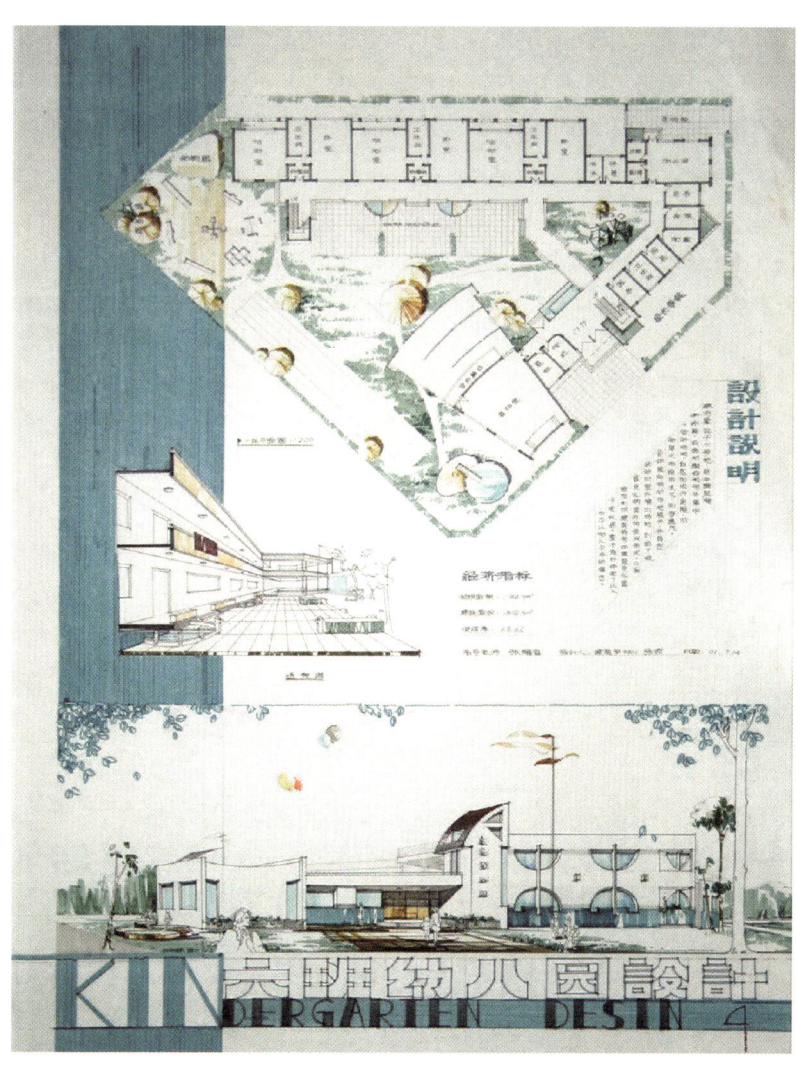

图5.161　六班幼儿园设计　张哲

1) 平面图

结合地形，融合环境。地形既是限制建筑空间布局的因素，同时也是建筑设计中要充分利用的有利条件，给出的地形主要是平地、坡地、水边等环境。

合理确定功能分区。合理划分功能分区，适当地考虑动静分区。

合理组织交通流线。建筑物各单体间，以及建筑要内部的交通联系是平面表达的一项重要内容。交通流线要明确、通畅，楼梯数量合适，位置得当。

控制面积。把握好总建筑面积及各类房间的面积。可通过柱网估算出面积，但不要算得过细耽误了时间。

(1) 总平面，需要表达出建筑的体块组合关系、各部分的层数、建筑周围环境、各出入口、周围道路、停车位、建筑阴影、指北针等。

要按题目的要求退线；根据周围道路的情况，确定出入口的设置，及停车位的设置；如果周围有建筑，则需考虑防火间距和消防通道的设置。

(2) 首层平面，主要表达出结构柱网、建筑内部的房间分布、走廊楼梯等交通空间、主次出入口、建筑外部、庭院环境、标高、剖切符号等。

快题设计中，采用框架结构较好，有利于划分空间，控制体形，计算面积。建筑内部宜留白，通过周围环境衬托出建筑平面。环境要成"面"成"片"，不要过于零散。

(3) 其他层平面，主要表达出房间分布和交通空间，注意与首层结构体系的对应，以及楼梯、卫生间的对应等。

2) 立面图和剖面图

虚实关系的对比。虚实的对比是立面处理的重要法则，软材质、通透的、凹入的、灰暗的、半开敞的处理，可视为"虚"；硬材质、不透光的、突出的、光亮的、实体的处理，可视为"实"。建筑立面的门窗、玻璃、栅板等都体现"虚"，水泥墙体、石材、金属面材等都体现"实"。

主入口的强调。主入口是立面的重点处理部分，要推敲它的体量、造型、材质、色彩等，使其成为立面的点睛之笔。

材质与色彩。在快题设计中，一般是用色面来快速表达材质，有时也用墨线刻画材质，但要把握住画面的整体效果，不要拘泥于细节。

(1) 立面图，作为建筑形象的直接体现，应讲究整体效果，标注标高。立面的配景较为重要，马克笔涂色时要注重阴影刻画，区分层次。

(2) 剖面图，应明确结构体系、梁柱关系、室内外高差、标注标高。图面较空时，可加上配景丰富图面。

3) 效果图

(1) 轴测图，可以真实地表达建筑的体量和空间布局及外立面细节，其绘制比透视图容易，比较好控制，因为绘制失误导致的缺陷不像透视图那么明显。轴测图侧重于环境全局特征和建筑整体的体量，有利于表现低层建筑的错落布置和丰富的形体，但对环境表达的要求高于透视图。

(2) 透视图。一点透视起形比较快，节省时间，缺点是有些呆板。两点透视起形难度要大些，但是表现效果较为生动。

对于建筑快题的色彩综合表达，马克笔上色较快，也较易出效果，应大面积上色，笔触不要过于拘谨，区分各体块间的关系，用配景烘托建筑主体。对于色彩和马克笔功底比较弱的同学，建议多采用灰色系，表达出由浅到深的各个层次，丰富图面，构建协调、统一的图纸效果。

3．景观园林快题设计的表现

园林景观快题设计是对具有空间性质的场所进行分析，并将地形、建筑、小品、道路、植物、水体等一系列景观元素进行合理处理，艺术地表现出来，如图5.162所示。

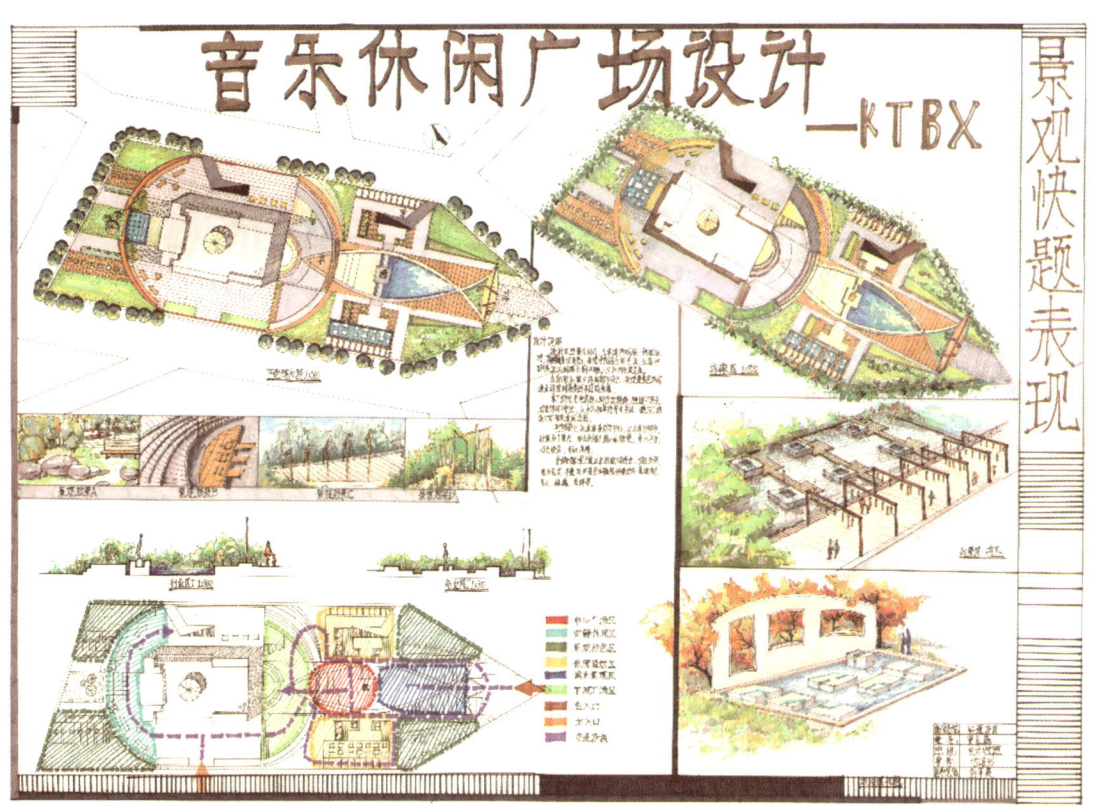

图5.162　音乐休闲广场设计　贾红磊

一般景观园林类的快题应注重地面的铺装及导向作用、各景观节点的空间层次变化、植物种群的搭配及协调、周边建筑与整体环境的和谐统一以及该区域内的地标特色等内容。因此这类快题的重点不仅仅在平面图和剖面图上，也就是说结构、造型设计是考查的一方面，另一方面如植物的色彩搭配、小品的材质基调能否与环境呼应，地面铺装的色彩等也是其考查的重点，而恰恰这些内容需要用颜色去表达。可以说景观园林类的快题比建筑类的快题更偏重考查色彩的运用和表达能力。对于这类快题，就应当加强对色彩的把握和练习。

（1）平面图。

在平面布局设计中，所有空间的功能、性质、形态以及各空间的关系都在平面图中得到表现。

一个好的设计很大程度上是通过平面图的环境组织、各空间的衔接与过渡、完整空间序列的安排、围透关系的处理来体现的。也反映了道路、绿化等的平面组织处理，同时还要考虑视线在平面图中所体现出的空间关系。

① 总平面图。应根据要求表达出构筑物、围墙、绿化、水体、小品、道路、铺装、停车场、出入口、踏步、指北针等内容。

② 节点平面图。是总平面图的延伸设计，是将一些在总平面尺度表达不清的重要景观节点以较大的比例绘制出来，往往对应相应的节点透视。一般在快题设计中对景观节点不做硬性要求，对景观节点的刻画有一两处即可。在节点平面上应表明设计的主要材质、植物名称、景点名称等。

(2) 立面图和剖面图。

通过立面图和剖面图可以反映出空间序列的起伏变化和节奏感。图中需要表达出构筑物、绿化、小品、标高等。

(3) 效果图。

效果图要有景深层次、主次有别、富有场所感，通过色彩的对比产生视觉中心。

① 一点透视，适合表现场面较大的景观环境。

② 两点透视，画面效果自然、生动，具有真实性、多样性等特点。

③ 鸟瞰图，能最大范围地看到所表现的场景。由于鸟瞰图的场面大，在处理时一定要有所侧重，要依照"近大远小、近清楚远模糊、近写实远写意"的原则，以达到效果图的空间感、层次感和真实感。

配景特别是树木的绘制也是表现设计内容的重要手段。通常在应试草图的设计中，树木的表达可以通过描摹树冠的简单轮廓线来实现，宜概括、抽象，尽可能程式化。

在快速表现图中，色彩可起到装饰画面、渲染气氛、丰富空间的作用。马克笔色彩相对明快，对画面具有较大的统摄力和影响力，快速透视图在色彩的安排上应有冷与暖、协调与对比的处理，着色过程应根据经验妥善解决好这些问题。

5.5.2 快题设计的马克笔表现技法作图步骤（以景观快题设计为例）

一般的快题设计大多要求在较短时间内完成，由于时间的限制，我们不可能把各个方面做得尽善尽美，而应该有所侧重。因此，就需要弄清训练抑或考试的目的是什么，有哪些要求，只有这样才能有的放矢地进行练习，才能达到事半功倍的效果。

快题设计的目的一般是培养或考查学生在短时间内做出方案设计的能力，为做好实际的工程项目打下基础。因为在实际工程中，大多数方案的设计时间十分有限，不会像学校的课程设计一样，周期较长，学生有充足的时间去探讨学习。快题设计训练可以说完全是为了适应快周期的实际工程要求，不存在相对的"教和学"的过程。

快题设计的特点是快，学生要在规定的时间里，基本完成任务书的要求，清晰地表达出设计内容，即设计功能基本合理，符合设计规范，内容表达清晰、准确。

下面以景观的快题设计为例，对作图的重点步骤加以总结和归纳，并说明快题设计中应注意的一些问题，希望能以点带面，使学生对马克笔的快题表现有进一步的认知。

快题设计基本上可以分为三个阶段。

(1) 构思。

在拿到任务书后,首先要审题、构思,认真分析任务书、基地地形,迅速找出设计切入点,然后画出草图,把最初的想法表达出来。不要急于定稿,应当深入构思,尽量细化草图。

(2) 起稿。

在有了初步的方案后,就可以上板了。但在上板之前还应进行大致的构图设计,确定是横构图还是竖构图,标题放在哪,平面图置于何处,如何协调透视图、分析图及剖面图等。

在明确构图的基础上,绘制任务书要求的各种图纸。可以先用铅笔勾出大致的轮廓,不用很细致,然后再上墨线。

(3) 上色。

上色是为整张图纸增色的一步,能有效地提高画面质量,凸显方案个性,表现作者对色彩的认识能力及感悟能力。

具体的步骤如下。

(1) 审题。

多读几遍任务书,对场地进行认真的分析,正确理解任务书的功能要求,注意设计对象的特有因素。

(2) 方案。

方案能力不是短时间内可以提高的,但又是最根本的,是快题设计的基础,不能忽视,平时应有针对性地多加练习,循序渐进地提高方案能力。

(3) 构图。

一幅好的构图,能给评阅教师愉悦的感受,同时也提升了你对图纸的信心。不理想的构图常常会影响思路的正常发挥,同时影响图面的整体效果。所以尽管快题设计的时间很紧张,但还是要在画图之前进行构图,可以画些小构图进行尝试,以便把握图面的整体效果。

如图5.163的布局,右上角的透视图没有划分严格的界限,为的是打破平衡,以达到活跃画面的目的。同时透视图与平面图相互渗透,最下面的剖面图与分析图相互穿插,使整张图面显得生动且富于联系。标题的大小与其他各图的面积形成对比,其位置与平面图的基线错开,并与剖面图相联系,为整幅图纸增添了层次感。这样的布局使图面浑然一体,互相联系,相映成趣,达到了很好的视觉效果。

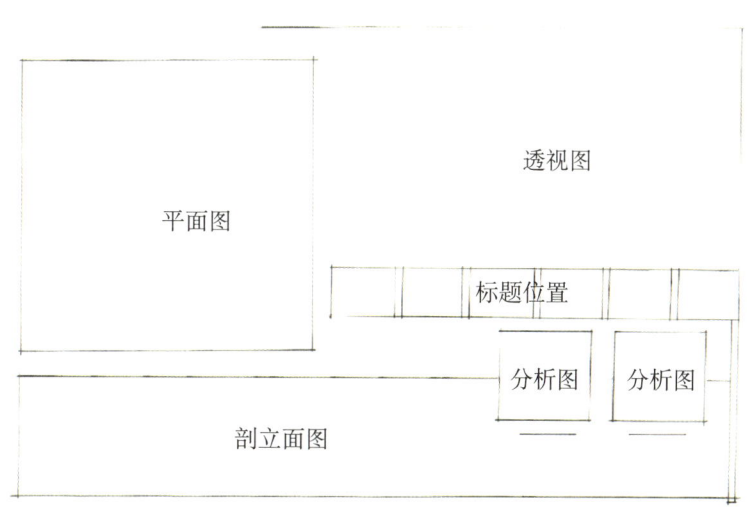

图5.163 庭院景观设计步骤(一) 乔文黎

(4) 铅笔稿。

在已有的大框架基础上,就可以起稿了。为节省时间,线条不用画得十分充分,但是要把大体的体块和位置基本表达出来,要控制住画面的整体感觉。透视一般是画面的主体,要形成趣味中心,注意各部分之间的比例关系,以及配景和主体的层次关系等,尽量做到准确,为下一步的深化打好基础,如图5.164所示。

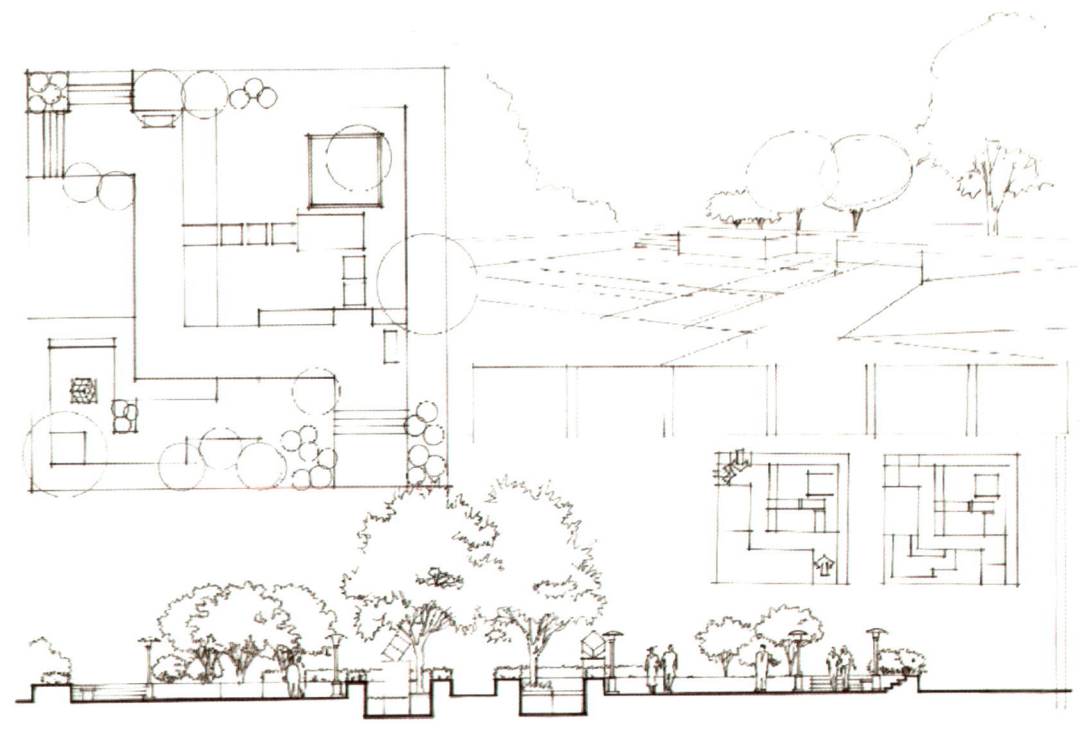

图5.164　庭院景观设计步骤(二)　乔文黎

(5) 墨线。

在后期还要上色的前提下,本阶段的墨线图不用表现得非常充分,只要能表明基本的体块关系即可。同时最好要注意线条本身的变化,如线的疏密、粗细、松紧等,线条尽量简洁、流畅,切忌反复勾画。用线不一定徒手,可以根据个人喜好和擅长而定,也可根据图面的大小及内容来决定。工具和徒手相结合的画法在快题中比较常见。

平面图、剖面图、透视图的表达一定要一致、清楚到位。剖面图宜加上人物配景,明确比例关系。平面及立面各种植物配景的表达可在平时的设计中多加积累,熟练地掌握几种画法,同时要注意不同植物的色彩、大小、高低搭配等。

透视图一定要准确,并保持前后比例正确,近大远小,注意人物及植物配景的位置要和环境要素相互遮挡,形成较好的构图。前景刻画要准确传神,中景表达应内容丰富,远景处理可用植物等配景来虚化空间形成透视感。总之要做到重点突出,表达清晰,如图5.165所示。

快题的透视图不宜过大。一方面,画幅过大透视不好把握,容易出错;另一方面,快题时间较紧,画幅过大不容易深入,易造成画面空洞无味或因时间紧张而不能完成。

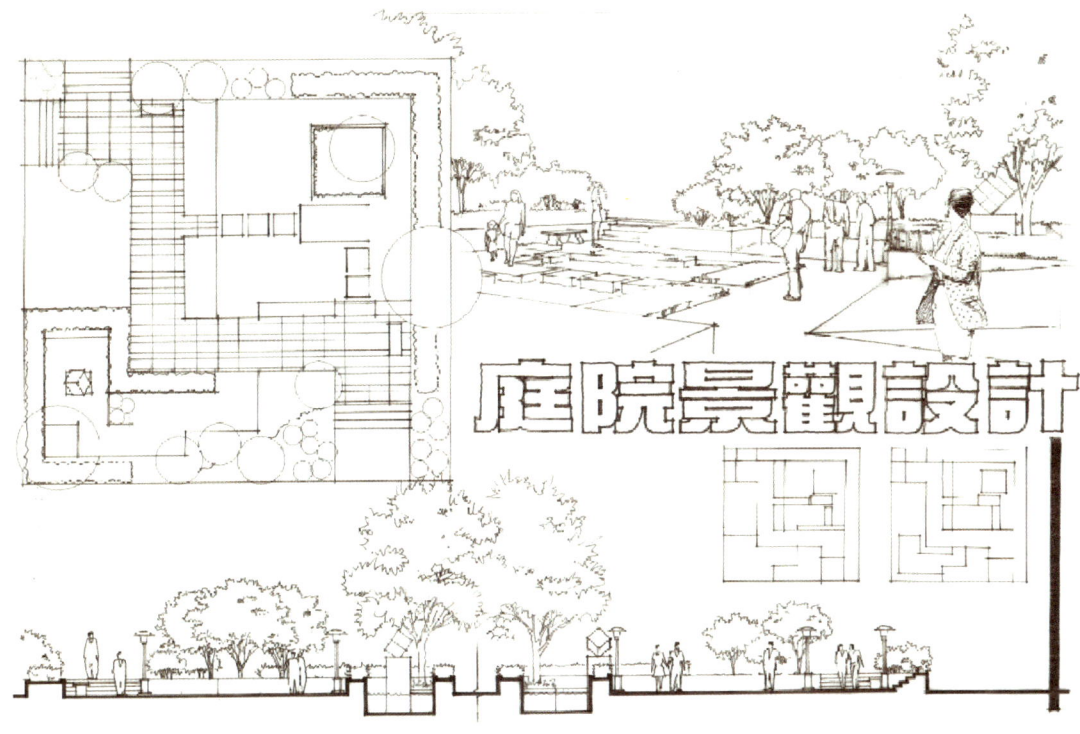

图5.165　庭院景观设计步骤（三）　　乔文黎

(6) 上色。

上色的过程是先浅后深，首先把各部分的主要色调铺上，为整体定下基调，注意主色不要搭配过多，否则容易造成图面过花，一般以三到四种主色为核心进行绘制，还可以配合彩铅来丰富图面层次。然后画中间色及深色，最后刻画层次和质感，加入细节。笔触要放开，不要过于拘谨，不要在开始就把某个局部的颜色画得很重，导致后期不易修改。

在上色过程中，时刻要把整体放在第一位，注重图面的整体效果。快题表现并不是一张效果图表现，它是由多张图组成的，重要的是图面的整体关系、明暗关系、冷暖关系、虚实关系等，如图5.166所示。

(7) 调整。

这个阶段主要对局部进行调整，完善阴影，统一色调，为画面增加层次感，对整幅图纸做深入刻画。这一步可以用水溶彩铅作为辅助工具，与马克笔搭配使用。一方面可以用彩铅弥补马克笔的细微不足，另一方面可以用彩铅对部分场景进行刻画，以和马克笔笔触形成鲜明对比。彩铅和水性马克笔叠加，还可以形成水彩效果。

标题的书写对画面的完整、美观、平衡也起着至关重要的作用，切记不可忽视。图5.167的标题在整张图纸完成上色后显得比重较轻，因此加入阴影后，就加重了标题在图纸上的分量。同时，左上角的黑体英文标题也在画面中起着平衡画面的作用。

经过一系列的调整后，最终完成快题设计。

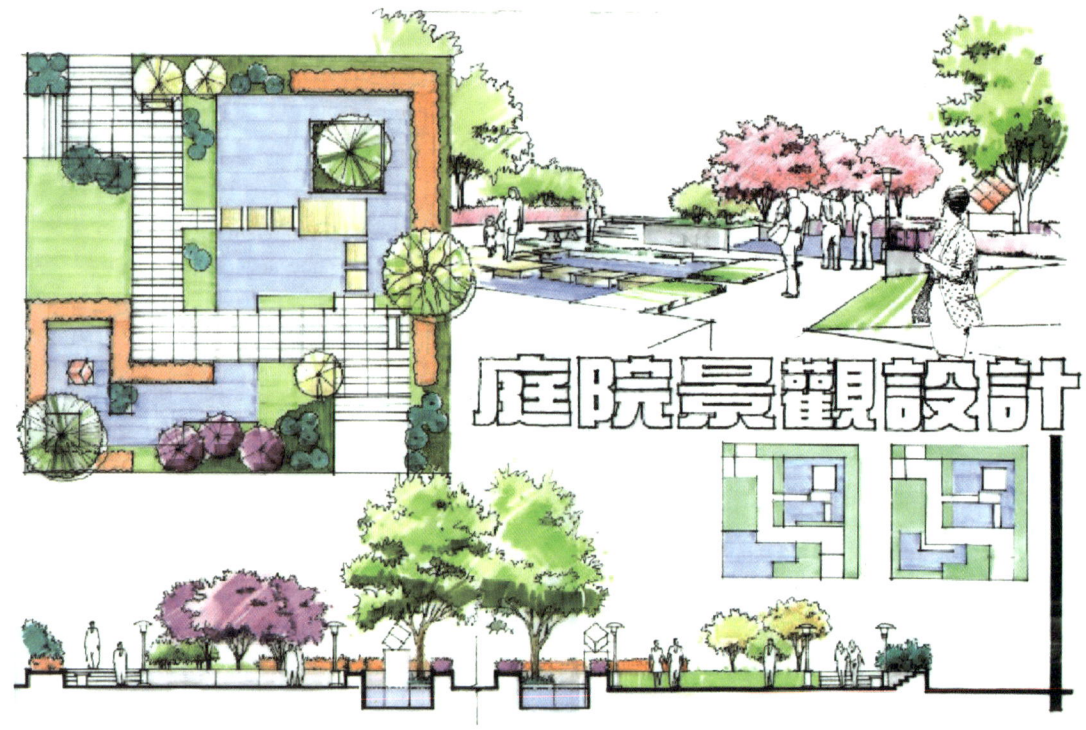

图5.166 庭院景观设计步骤(四) 乔文黎

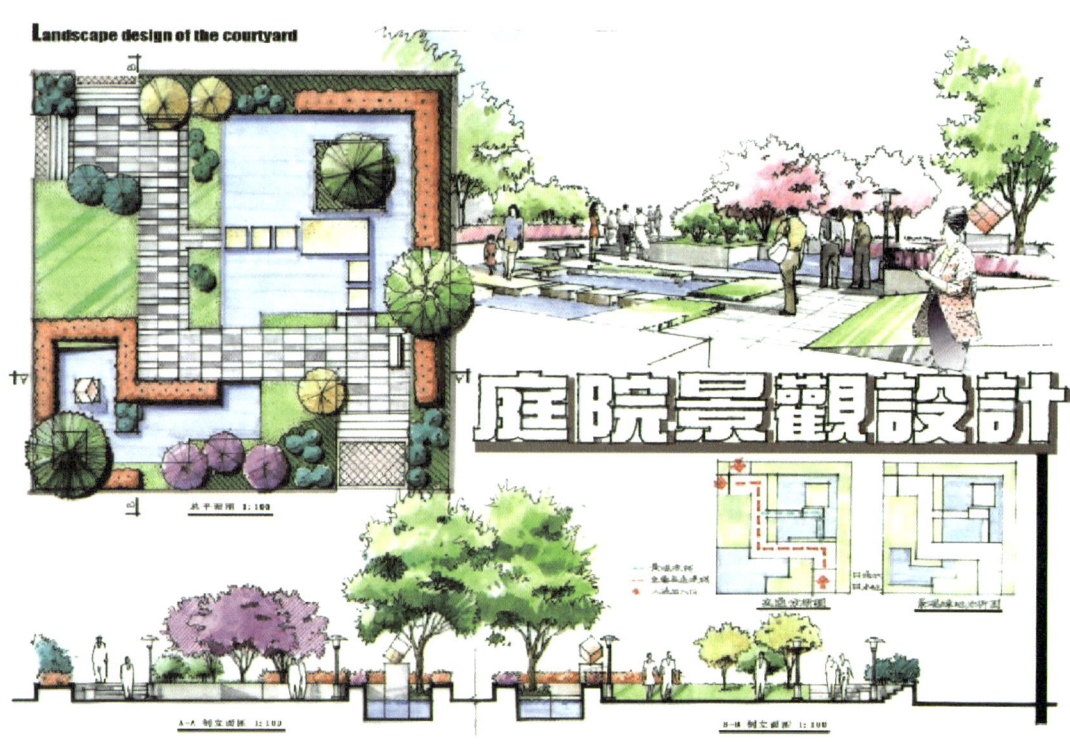

图5.167 庭院景观设计步骤(五) 乔文黎

5.5.3 快题设计的马克笔表现技法作品点评

设计：该方案(图5.168)将水与雕塑、绿化及整个广场有机结合，使空间显得活泼、生动。但作为公共活动中心，空间围合性过强，且缺乏休息停留的场所。硬质铺装也较为单调，缺乏变化和引导性。雕塑的尺度感不佳。

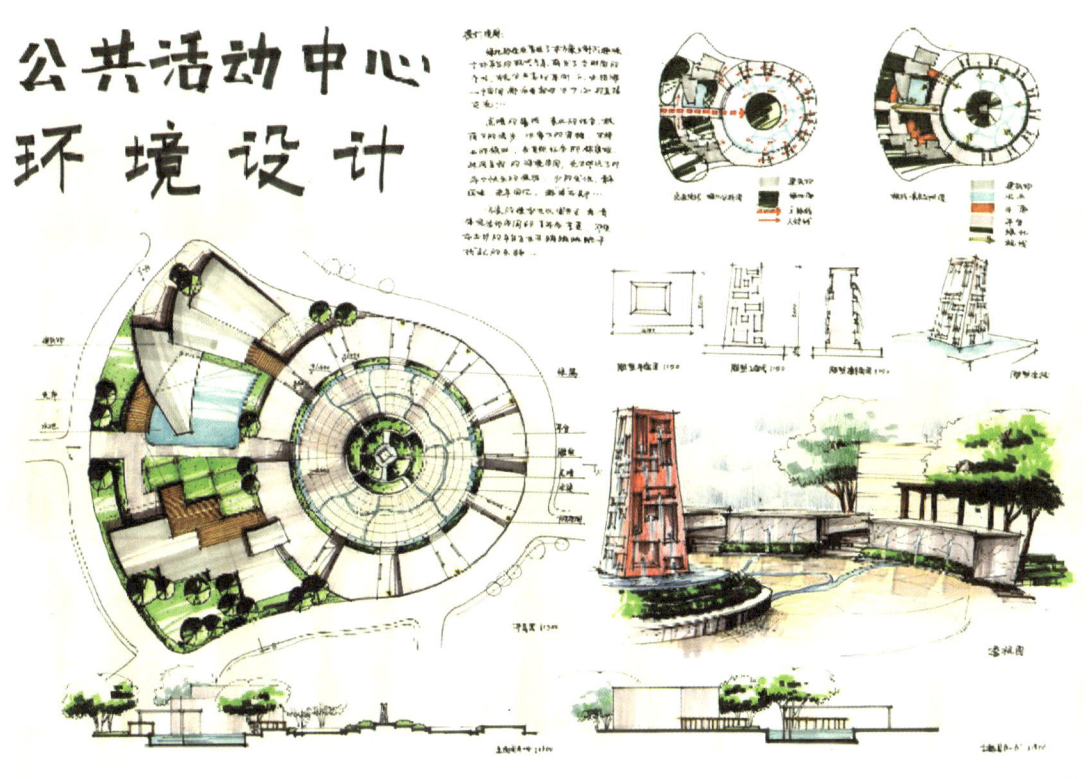

图5.168　公共活动中心环境设计　　刘海超

表现：图面线条流畅，整体构图紧凑、完整，颜色搭配和谐统一。透视图中的红色雕塑在整幅图中起着点睛的作用，活跃了画面的气氛。马克笔的运用比较成熟，但透视图的近景和远景比例有些失调。

设计：该方案(图5.169)平面设计略显凌乱，铺装单一。缺乏交通考虑，停车位的设置未结合周边交通环境考虑。主体建筑在设计中不突出，轴线设计不清晰，流线设计欠妥。剖面图中若能有人物配景，加上颜色，表现更佳。

表现：画面清晰，徒手线条运用纯熟，表达自如、完整，但构图缺乏设计，有堆砌感。颜色搭配合理，画面效果较好。透视图基本能表达作者的设计意图与空间效果，但比例尺度稍显不足。

设计：该方案(图5.170)设计活泼、大胆，平面设计构思新颖，造型丰富且富于变化。

表现：构图充实、紧凑合理。图面下方作者把三个角度的透视图用配景结合在一起，图面效果很好，整体感较强，线条表达流畅，松紧拿捏到位。左上角的透视图颜色协调，用笔大胆，层次丰富，若整张图纸均用淡彩表达，效果更好。

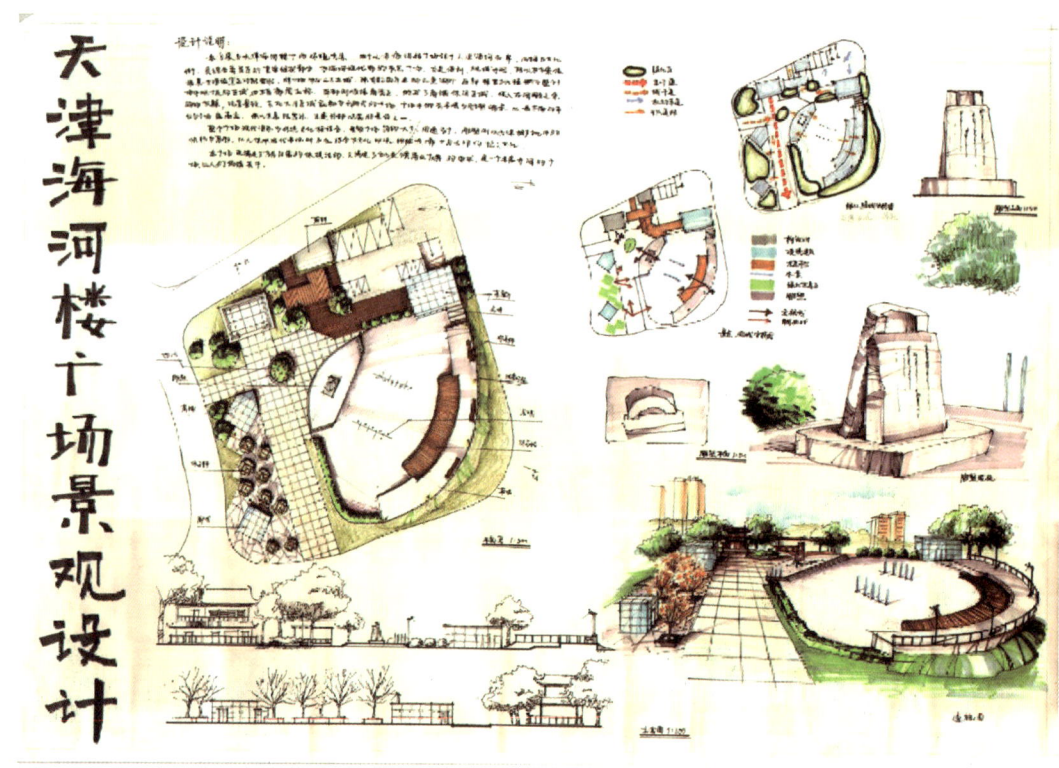

图5.169 天津海河楼广场景观设计　　刘海超

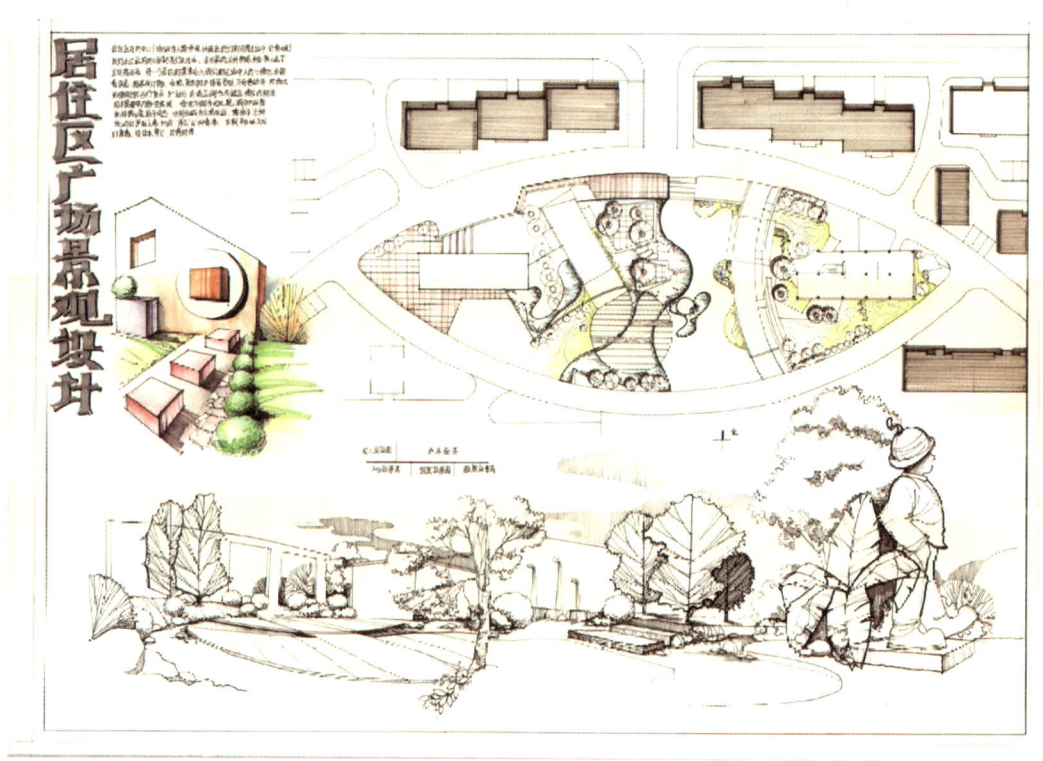

图5.170 居住区广场景观设计　　李帅

设计：该方案(图5.171)设计比较简单，功能布局尚可。形式比较单一，缺少变化和层次。铺装较为单一，缺乏引导性。雕塑设计不理想，缺乏新意。

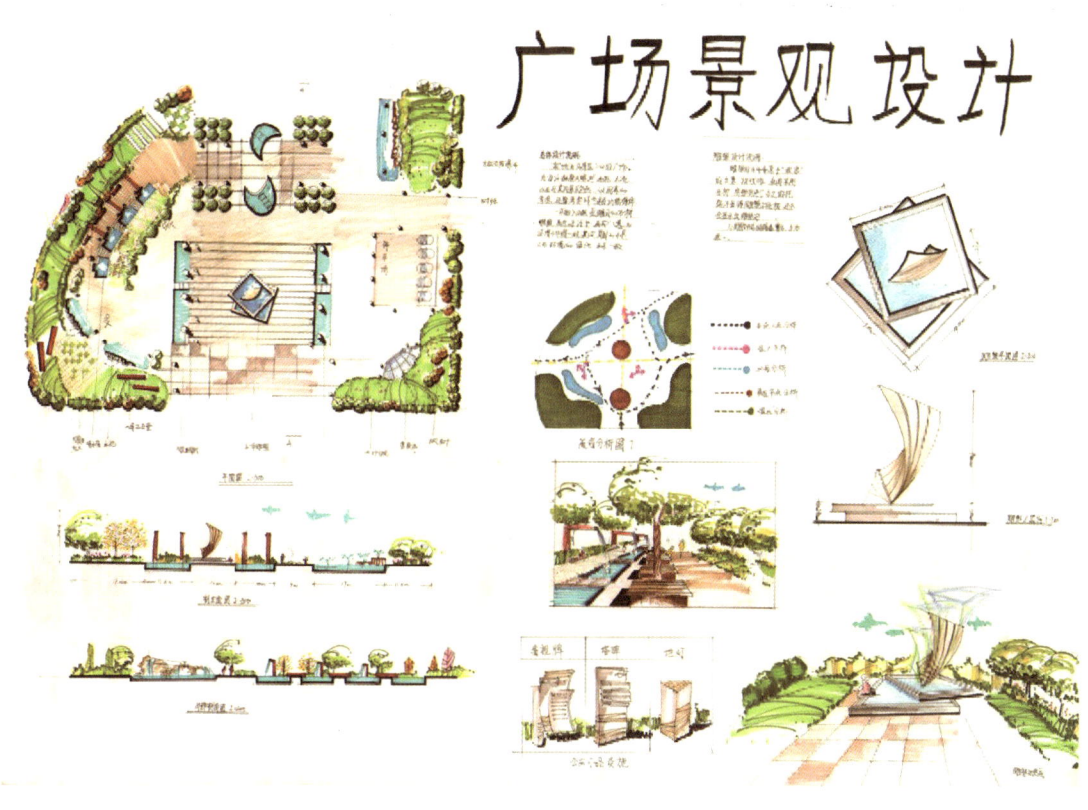

图5.171　广场景观设计　　王义

表现：图面表达比较完整，但整体构图中规中矩，缺乏组织和创新。平面图的铺装表现不完整。马克笔颜色搭配尚可，但笔触稍显凌乱。云彩的表达有所欠缺，还需要多加练习。另外，标题的字体表达也还需改进。

设计：该方案(图5.172)设计比较有新意，想法较为独特。中庭空间处理较好，气氛烘托及渲染比较到位。顶棚处理略显单调，有些地方还可做些层次，使空间富于变化。

表现：该快题构图紧凑、图面完整、线条娴熟，疏密层次感较强。若能与淡彩进行搭配，丰富图面效果，相信会给整张图纸增色不少。透视图表现尚好，空间感强，远近虚实处理得当。平面图和顶视图的墙线应当加粗抑或用双线表达。立面图的标高符号一般标在建筑结构上，门和吊顶的高度应当用尺寸标注表达。

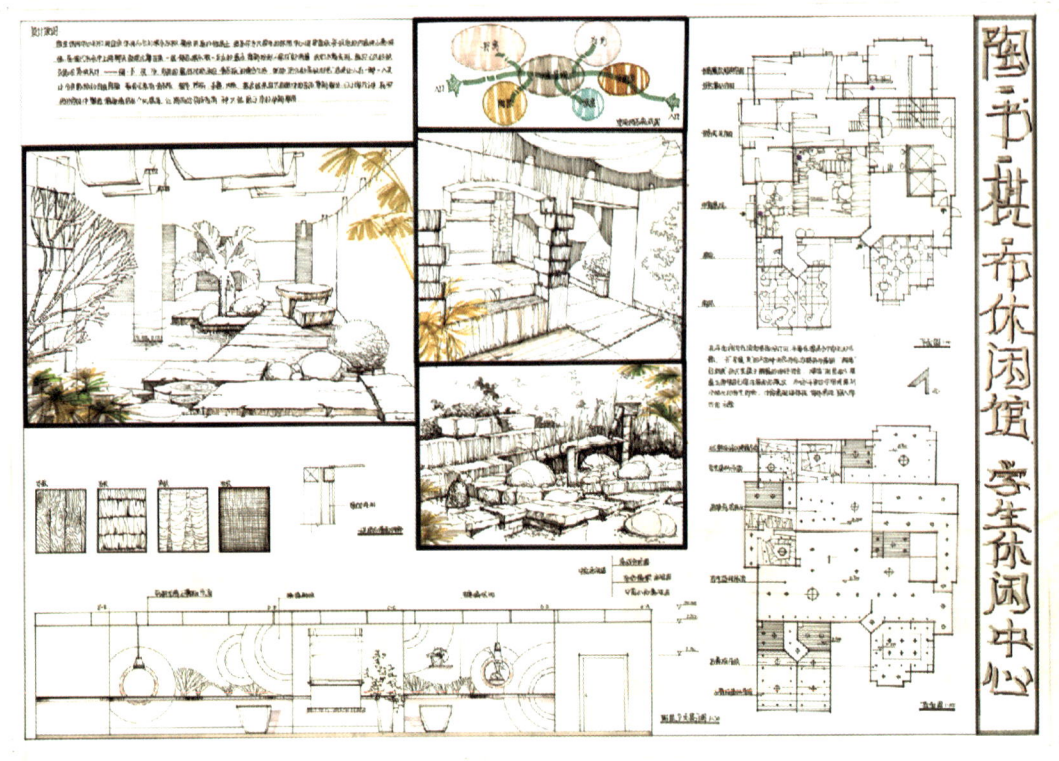

图5.172 学生休闲中心设计　李帅

设计：方案(图5.173)设计比较简洁，以体块穿插为主要表现形式，功能分区合理。方案构思缺乏新意，不能彰显该建筑应有的性格。

表现：该图纸布局充实、合理。用线自如流畅，色彩运用恰当。透视图用色有些凌乱，背景及暗面笔触过多，多种颜色叠加处理欠妥，干扰了主体的建筑效果。图纸整体效果清宁淡雅，综合表现尚佳。

设计：该方案(图5.174)结合地形进行设计，把室外风景引入室内以及室外的休息平台，充分考虑了垂钓者的各种需求。但平面流线过长，功能布局尚需斟酌。

表现：图纸表现大胆，用笔粗犷，个性突出。总平面图笔触有些凌乱。Ⅱ号图中，各图之间缺乏联系，图面有些空洞。色彩搭配较为和谐、统一，明、暗面用色还应加以区分。透视图的表现过于放松，徒手线条还需加强，若能张弛有度，表达效果将更为出众。

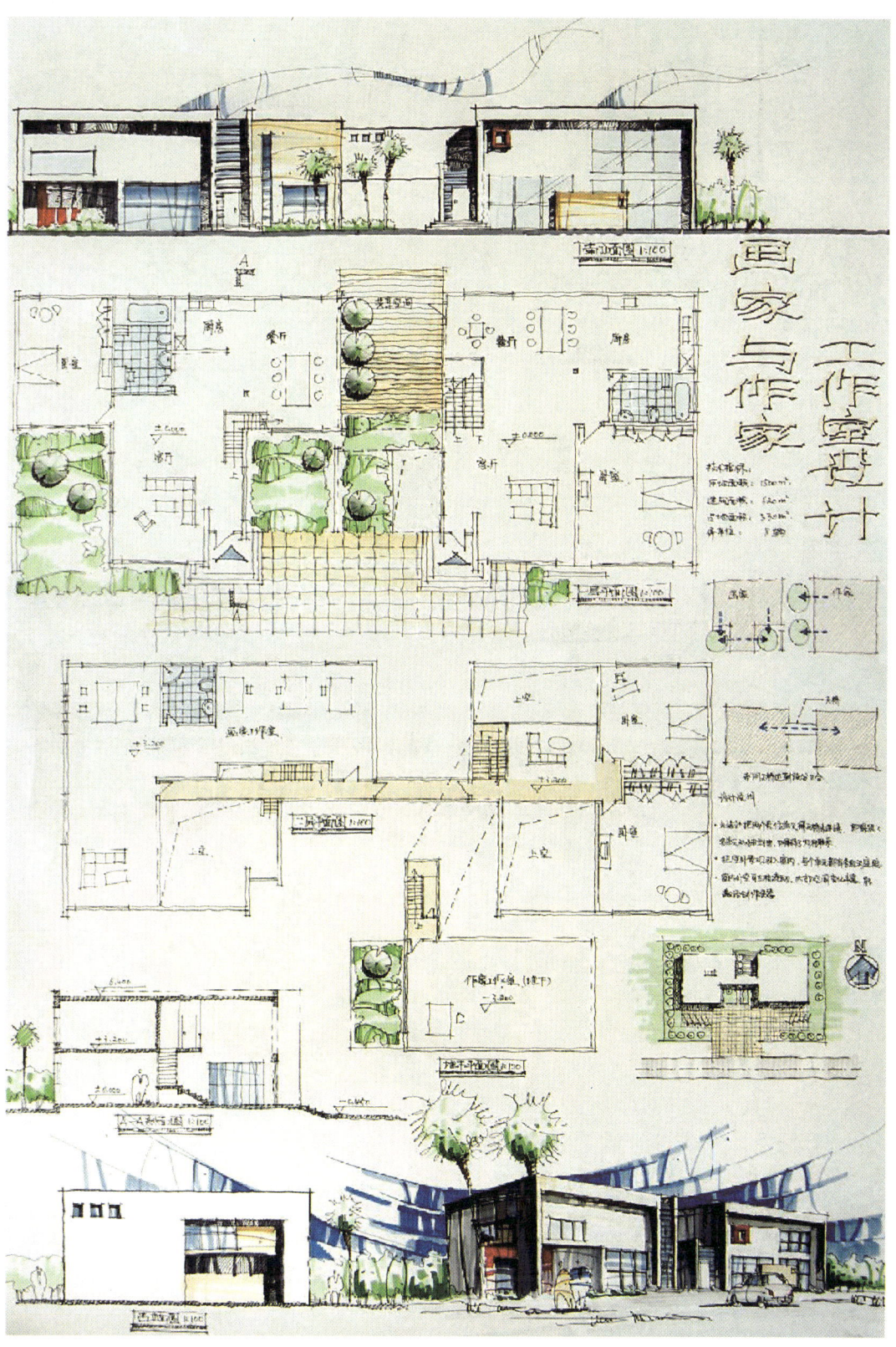

图5.173 画家与作家工作室设计 崔立勋

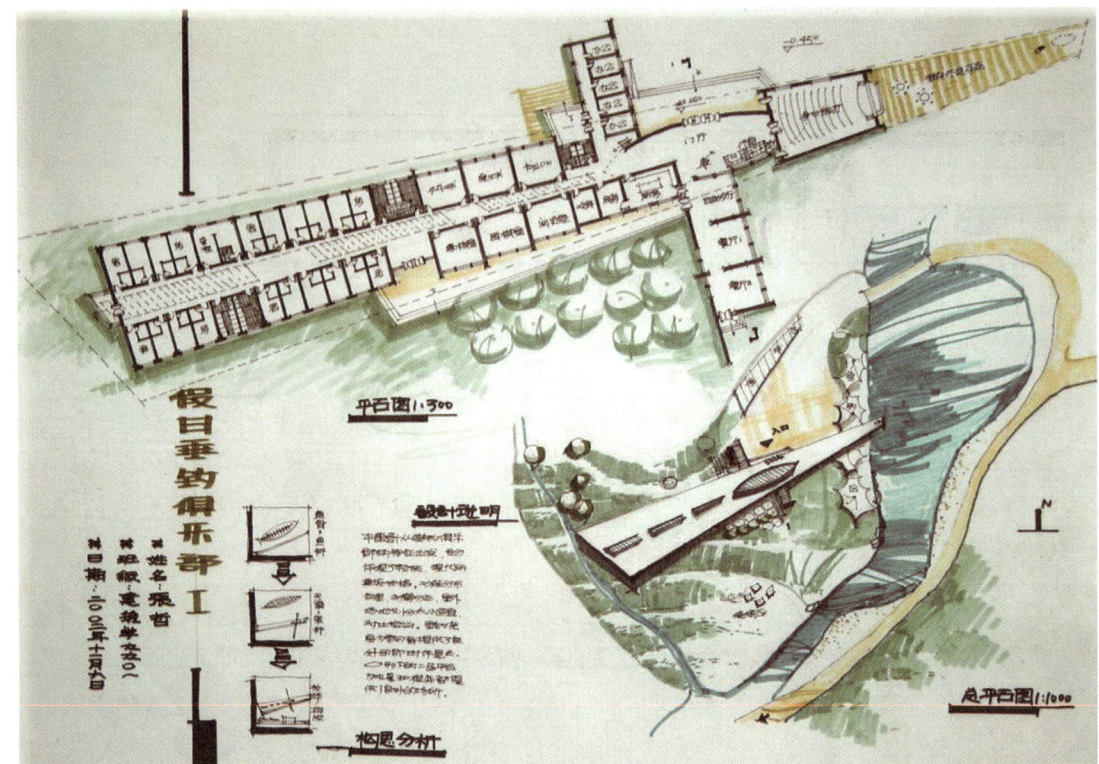
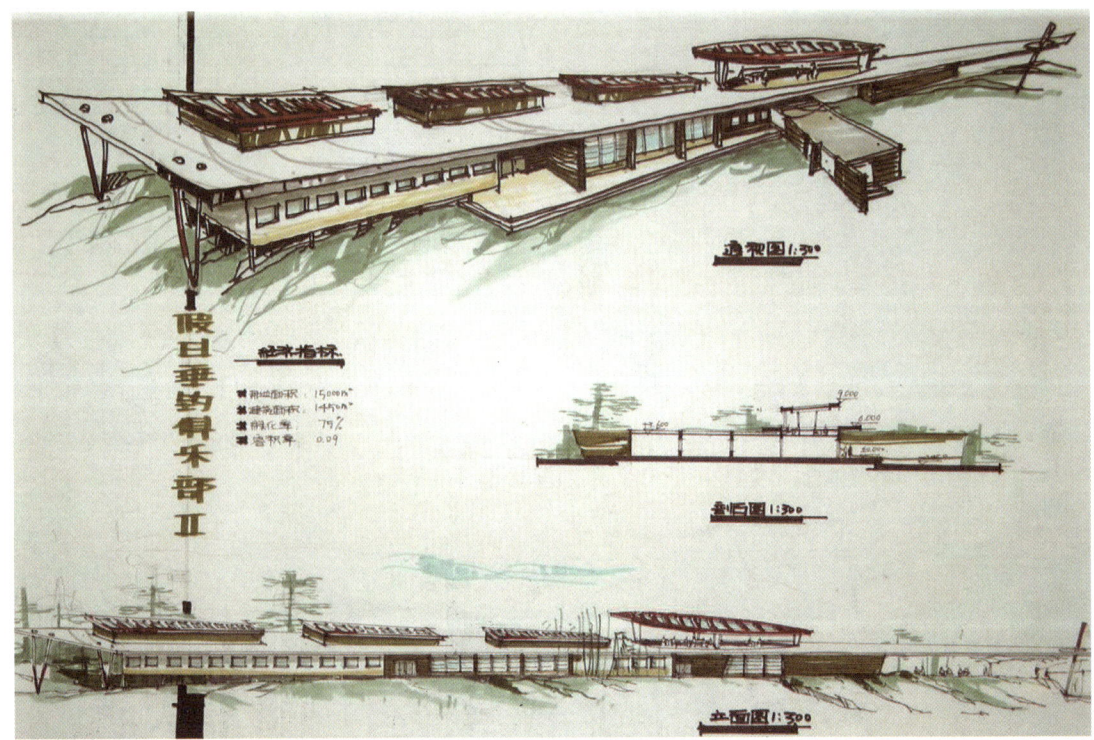

图5.174 假日垂钓俱乐部设计 张哲

参 考 文 献

[1] [美]麦克·W·林．建筑绘图与设计进阶教程[M]．魏新，译．北京：机械工业出版社，2004．

[2] 陈红卫．陈红卫手绘表现[M]．福州：福建科学技术出版社，2006．

[3] 陈伟．马克笔的景观世界[M]．南京：东南大学出版社，2005．

[4] 冯信群，刘晓东．手绘室内效果图表现技法[M]．南昌：江西美术出版社，2007．

[5] 李保峰，李刚．建筑表现技法[M]．武汉：湖北美术出版社，2002．

[6] 李国光．建筑快题设计技法与实例[M]．北京：中国电力出版社，2009．

[7] 刘宇，马振龙．现代环境艺术表现技法教程[M]．北京：中国计划出版社，2005．

[8] 吕琦．建筑与景观的设计表达[M]．北京：中国计划出版社，2005．

[9] 彭一刚．建筑绘画及表现图[M]．北京：中国建筑工业出版社，1987．

[10] 宋季蓉，温颖．马克笔手绘表现技法[M]．北京：机械工业出版社，2006．

[11] 孙佳成．室内环境设计与手绘表现技法[M]．北京：中国建筑工业出版社，2006．

[12] 田原．室内外效果图表现技法[M]．北京：中国建筑工业出版社，2006．

[13] 王爽，盖晶晶．室内表现图技法[M]．北京：中国林业出版社，2006．

[14] 韦爽真．园林景观快题设计[M]．北京：中国建筑工业出版社，2008．

[15] 吴焕加．20世纪西方建筑史[M]．郑州：河南科学技术出版社，1998．

[16] 夏克梁．建筑画——麦克笔表现[M]．南京：东南大学出版社，2004．

[17] 辛艺峰，王梓炀，夏克梁．建筑绘画表现技法[M]．天津：天津大学出版社，2001．

[18] 薛加勇．快题设计表现[M]．上海：同济大学出版社，2008．

[19] 杨健．家居空间设计与快速表现[M]．沈阳：辽宁科学技术出版社，2002．

[20] 俞进军．建筑水彩画技法[M]．北京：中国建材工业出版社，2003．

[21] 张汉平，种付彬，沙沛．设计与表达——麦克笔效果图表现技法[M]．北京：中国计划出版社，2004．

[22] 张蕾．建筑快图的马克笔表达[M]．南京：江苏科学技术出版社，2008．

[23] 张奇．建筑室内外效果图[M]．上海：上海人民美术出版社，2007．

[24] 赵国斌．室内设计(手绘效果图表现技法)[M]．福州：福建美术出版社，2008．

[25] 郑宏．环境景观设计[M]．北京：中国建筑工业出版社，1999．

[26] 郑孝东．手绘与室内设计[M]．海口：南海出版公司，2004．

[27] 钟训正．建筑画环境表现与技法[M]．北京：中国建筑工业出版社，1995．